普通高等教育电子信息类系列教材

U0159658

电子线路实验及课程设计指导

主　编　孙慧霞　窦永梅
参　编　贺丽丽　杨　德

西安电子科技大学出版社

内 容 简 介

本书包含五部分内容。第一部分为电路分析的 9 个相关实验,第二部分为模拟电子技术的 8 个相关实验,第三部分为数字电子技术的 11 个相关实验,第四部分是电子线课程设计相关的 12 个参考实例,第五部分介绍了 Multisim 仿真软件。

本书可作为电子设计的入门实践参考书,也可作为高等院校电子、通信、机电、自动化等专业相关课程教材,还可作为大学生电子设计竞赛培训教学用书和参考书。

图书在版编目(CIP)数据

电子线路实验及课程设计指导/孙慧霞,窦永梅主编. —西安:
西安电子科技大学出版社,2020.8(2021.10 重印)
ISBN 978 - 7 - 5606 - 5726 - 4

Ⅰ. ① 电… Ⅱ. ① 孙… ② 窦… Ⅲ. ① 电子电路—实验 ② 电子电路—课程设计 Ⅳ. ① TN710

中国版本图书馆 CIP 数据核字(2020)第 138844 号

策划编辑 万晶晶 刘统军
责任编辑 王斌 万晶晶
出版发行 西安电子科技大学出版社(西安市太白南路 2 号)
电 话 (029)88202421 88201467 邮 编 710071
网 址 www.xduph.com 电子邮箱 xdupfxb001@163.com
经 销 新华书店
印刷单位 咸阳华盛印务有限责任公司
版 次 2020 年 8 月第 1 版 2021 年 10 月第 3 次印刷
开 本 787 毫米×1092 毫米 1/16 印张 15.75
字 数 373 千字
印 数 1801~3800 册
定 价 38.00 元
ISBN 978 - 7 - 5606 - 5726 - 4/TN
XDUP 6028001 - 3

前　言

电路分析、模拟电子技术基础和数字电子技术基础三大部分内容是电子、通信、自动化类专业的重要专业基础课程；电子线路课程设计部分是以上三门课程的综合应用，该课程理论与实践并重，注重对学生电子实践能力的培养。通过该类课程的学习，不仅能使学生掌握必要的电子线路相关理论知识，也能提高学生的实践应用能力。学生对课程内容的掌握程度和实践应用能力的强弱，对其后续的专业课程学习及电子设计应用能力将产生十分重要的影响。

针对目前理论书籍、实验教材与实验设备不完全匹配，理论知识、仿真分析、实验结果未能有机统一到整个实践教学过程的现象，我们撰写了本书。同时考虑到电路仿真设计是加强电路设计实践能力的一个重要辅助措施，特别加入 Multisim 仿真软件相关内容，从而使理论学习和实践环节紧密结合，有利于提高学习效率，加强实践能力的培养。

本书适用于电路分析实验、模拟电子技术实验、数字电子技术实验、电子线路实验课程，对这些课程也有启发和借鉴作用。Multisim 仿真软件的使用对理论课程的教学起到促进作用。在理论课程教授过程中，学习完每个功能电路的原理后，利用电路仿真设计软件进行电路性能的分析，有助于提高学生的感性认识、激发学生学习的主动性和学习兴趣，并增强学生对电路原理的理解，还可以为学生分析设计电路提供辅助手段，同时此项内容还可帮助学生完成课程设计及毕业论文写作。

本书的编写工作得到了沈俊霞、邵桂荣、李永宏等多位老师的帮助，书中部分图表的绘制由姚磊、刘卫军、李硕、胡军辉、苗婷睿、吕敏、高丽明等同学完成，部分视频的录制由贾鑫同学完成，在此一并表示衷心的感谢！另外，本书的编写得到了运城学院教材建设基金资助，在此表示感谢。

由于编者水平有限，书中难免存在不足之处，欢迎广大读者批评指正。

编　者

2019 年 12 月

目　　录

第一部分　电路分析实验……………………………………………………… 1

　　实验一　电路元件伏安特性的测绘…………………………………………… 2

　　实验二　电位、电压的测定及电路电位图的绘制………………………………… 6

　　实验三　受控源 VCVS、VCCS、CCVS、CCCS 的实验研究…………………… 90

　　实验四　戴维南定理和诺顿定理的验证——有源二端网络等效参数的测定………… 14

　　实验五　叠加原理的验证……………………………………………………… 19

　　实验六　基尔霍夫定律的验证………………………………………………… 22

　　实验七　电容储能与充、放电研究…………………………………………… 25

　　实验八　典型电信号的观察与测量…………………………………………… 29

　　实验九　RC 一阶电路的响应测试…………………………………………… 33

第二部分　模拟电子技术实验…………………………………………………… 37

　　实验一　常用电子仪器的使用………………………………………………… 38

　　实验二　常用电子元器件的识别及检测……………………………………… 40

　　实验三　三极管单级共射放大电路…………………………………………… 47

　　实验四　多级放大电路………………………………………………………… 51

　　实验五　集成运算放大器的基本应用………………………………………… 54

　　实验六　负反馈对放大电路性能的影响……………………………………… 58

　　实验七　波形发生电路………………………………………………………… 61

　　实验八　集成稳压器…………………………………………………………… 68

第三部分　数字电子技术实验…………………………………………………… 71

　　实验一　集成逻辑门电路……………………………………………………… 72

　　实验二　集成门电路的应用…………………………………………………… 76

　　实验三　SSI 组合逻辑电路设计(一)………………………………………… 80

　　实验四　SSI 组合逻辑电路设计(二)………………………………………… 83

　　实验五　MSI 组合逻辑电路设计(一)………………………………………… 85

　　实验六　MSI 组合逻辑电路设计(二)………………………………………… 91

　　实验七　集成触发器 74LS112………………………………………………… 96

　　实验八　集成触发器及其应用………………………………………………… 99

　　实验九　SSI 时序逻辑电路…………………………………………………… 102

　　实验十　MSI 时序逻辑电路…………………………………………………… 105

　　实验十一　555 定时器及其应用……………………………………………… 110

第四部分　电子线路课程设计参考实例 ································· 113

　　设计一　2011 年全国大学生电子设计竞赛综合测评
　　　　　　——集成运算放大器的应用 ···················· 114

　　设计二　2013 年全国大学生电子设计竞赛综合测评
　　　　　　——波形生成器 ································· 118

　　设计三　2015 年全国大学生电子设计竞赛综合测评
　　　　　　——多种波形产生电路 ························· 124

　　设计四　2017 年全国大学生电子设计竞赛综合测评
　　　　　　——复合信号生成器 ························· 130

　　设计五　2019 年全国大学生电子设计竞赛综合测评
　　　　　　——多路信号发生器 ························· 135

　　设计六　NE555 流水灯电路设计 ····················· 141

　　设计七　基于 CD4060 的彩灯电路设计 ················· 144

　　设计八　竞赛抢答器电路设计 ························· 147

　　设计九　±5 V 电源设计 ····························· 151

　　设计十　声控 LED 彩灯实验 ························· 158

　　设计十一　基于 STC 单片机的远程控制 LED 调光系统 ······· 162

　　设计十二　基于 STC 单片机的 LED 调光系统 ··········· 167

第五部分　Multisim 仿真软件 ······················· 173

　　实验仿真软件 Multisim 的使用 ····················· 174

附录　电子线路实验及课程设计报告 ·················· 181

第一部分　电路分析实验报告 ······················· 183

第二部分　模拟电子技术实验报告 ···················· 203

第三部分　数字电子技术实验报告 ···················· 221

参考文献 ······································· 245

第一部分

电路分析实验

实验一　电路元件伏安特性的测绘

一、实验目的

(1) 学会识别常用电路元件的方法。
(2) 掌握线性电阻、非线性电阻元件伏安特性的测绘。
(3) 掌握实验台上直流电工仪表和设备的使用方法。

电路元件伏安特性的测绘

二、实验设备

电路元件伏安特性的测绘实验所需设备如表 1-1-1 所示。

表 1-1-1　电路元件伏安特性的测绘实验设备

序号	名　称	型号与规格	数量	备　注
1	可调直流稳压电源	0～30 V	1	
2	万用表	FM-47 或其他	1	自备
3	直流数字毫安表	0～2000 mA	1	实验屏上
4	直流数字电压表	0～200 V	1	实验屏上
5	二极管	1N4007	1	DG05
6	稳压管	2CP15	1	DG05
7	白炽灯	12 V, 0.1 A	1	DG05
8	线性电阻器	200 Ω, 510 Ω/2 W	1	DG05

三、实验原理

任何一个二端元件的特性可用该元件上的端电压 U 与通过该元件的电流 I 之间的函数关系 $I=f(U)$ 来表示，即用 I-U 平面上的一条曲线来表征，这条曲线称为该元件的伏安特性曲线。各元器件伏安特性曲线如图 1-1-1 所示。

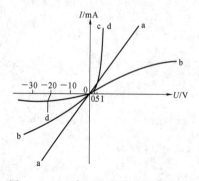

图 1-1-1　各元器件伏安特性曲线

（1）线性电阻器的伏安特性曲线是一条通过坐标原点的直线，如图 1－1－1 中曲线 a 所示，该直线的斜率等于该电阻器的电阻值。

（2）一般的白炽灯在工作时灯丝处于高温状态，其灯丝电阻随着温度的升高而增大，通过白炽灯的电流越大，其温度越高，阻值也越大。一般灯泡的"冷电阻"与"热电阻"的阻值可相差几倍至十几倍，所以它的伏安特性如图 1－1－1 中曲线 b 所示。

（3）一般的半导体二极管是一个非线性电阻元件，其伏安特性如图 1－1－1 中曲线 c 所示。正向压降很小（一般的锗管约为 0.2 V～0.3 V，硅管约为 0.5 V～0.7 V），正向电流随正向压降的升高而急剧上升，而反向电压从零一直增加到十至几十伏时，其反向电流增加很小，粗略视为零。可见，二极管具有单向导电性，但反向电压加得过高，超过管子的极限值时，则会导致管子击穿损坏。

（4）稳压二极管是一种特殊的半导体二极管，其正向特性与普通二极管类似，但其反向特性较特别，如图 1－1－1 中曲线 d 所示。在反向电压开始增加时，其反向电流几乎为零，但当电压增加到某一数值时（称为管子的稳压值，有各种不同稳压值的稳压管）电流将突然增加，之后端电压将基本维持恒定。当外加的反向电压继续升高时其端电压仅有少量增加。

应注意的是，流过二极管或稳压二极管的电流不能超过管子的极限值，否则管子会被烧坏。

四、预习要求

（1）查找资料，试回答以下问题：

① 线性电阻与非线性电阻的概念是什么？电阻器与二极管的伏安特性有何区别？

② 设某器件伏安特性曲线的函数式为 $I=f(U)$，试问在逐点绘制曲线时，其坐标变量如何放置？

③ 稳压二极管与普通二极管有何区别，其用途如何？

④ 在图 1－1－3 中，设 $U=2$ V，$U_{VD+}=0.7$ V，则毫安表读数为多少？

（2）用 Multisim 搭建本实验的电路，了解各电子元器件的伏安特性关系。

五、实验内容

1. 测定线性电阻器的伏安特性

测定线性电阻器伏安特性的电路如图 1－1－2 所示。

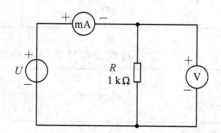

图 1－1－2　测定线性电阻器伏安特性的电路

按图 1－1－2 接线，调节稳压电源的输出电压 U，从 0 V 开始缓慢地增加，一直到

10 V，分别记下相应的电压表和电流表的读数 U_R、I。将线性电阻器的伏安特性测量数据填入表 1-1-2。

表 1-1-2 线性电阻器的伏安特性测量数据

U_R/V	0	2	4	6	8	10
I/mA						

2. 测定非线性白炽灯泡的伏安特性

将图 1-1-2 中的 R 换成一只 12 V，0.1 A 的灯泡，重复实验内容 1。U_L 为灯泡的端电压。将白炽灯泡的伏安特性测量数据填入表 1-1-3。

表 1-1-3 白炽灯泡的伏安特性测量数据

U_L/V	0.1	0.5	1	2	3	4	5
I/mA							

3. 测定半导体二极管的伏安特性

测定二极管伏安特性的电路如图 1-1-3 所示。

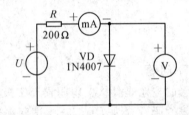

图 1-1-3　测定二极管伏安特性的电路

按图 1-1-3 接线，R 为限流电阻器。在测量二极管的正向特性时，其正向电流不得超过 35 mA，二极管 VD 的正向施压 U_{VD+} 可在 0～0.75 V 之间取值。在 0.5 V～0.75 V 之间应多取几个测量点，将二极管伏安特性正向测量数据填入表 1-1-4。在测量反向特性时，只需将图 1-1-3 中的二极管 VD 反接，且其反向施压 U_{VD-} 可达 30 V。将二极管伏安特性反向测量数据填入表 1-1-5。

表 1-1-4 二极管伏安特性正向测量数据

U_{VD+}/V	0.10	0.30	0.50	0.55	0.60	0.65	0.70	0.75
I/mA								

表 1-1-5 二极管伏安特性反向测量数据

U_{VD-}/V	0	-5	-10	-15	-20	-25	-30
I/mA							

4. 测定稳压二极管的伏安特性

(1) 正向特性实验：将图 1-1-3 中的二极管换成稳压二极管 2CP15，重复实验内容 3 中的正向测量步骤。U_{z+} 为 2CP15 的正向施压，将稳压管正向特性实验数据填入表 1-1-6。

表 1-1-6 稳压管正向特性实验数据

U_{z+}/V	0.10	0.30	0.50	0.55	0.60	0.65	0.70	0.75
I/mA								

（2）反向特性实验：将图 1-1-3 中的 R 换成 510 Ω，2CP15 反接，测量 2CP15 的反向特性。稳压电源的输出电压 U 为 0～20 V，测量 2CP15 两端的电流 I，由其两端电压 U_{z-} 可看出其稳压特性，将稳压管反向特性实验数据填入表 1-1-7。

表 1-1-7 稳压管反向特性实验数据

U_{z-}/V	−1	−2	−2.4	−2.7	−2.8	−2.9	−3.0	−3.1	−3.5
I/mA									

六、实验注意事项

（1）在测二极管正向特性时，稳压电源输出应由小至大逐渐增加，此时应注意电流表读数不得超过 35 mA。

（2）如果要测定 2AP9 二极管的伏安特性，则正向特性的电压值（单位为 V）取 0、0.10、0.13、0.15、0.17、0.19、0.21、0.24、0.30，反向特性的电压值（单位为 V）取 0、2、4、6、8、10。

（3）在进行不同实验时，应先估算电压和电流值，合理选择仪表的量程，勿使仪表超量程。仪表的极性亦不可接错。

七、实验报告要求

（1）根据各实验数据，分别在方格纸上绘制出光滑的伏安特性曲线（其中二极管和稳压管的正、反向特性均要求画在同一张图中，正、反向电压可取为不同的比例尺）。

（2）根据实验结果总结、归纳被测各元件的特性。

（3）进行必要的误差分析。

（4）总结心得体会及其他。

实验二　电位、电压的测定及电路电位图的绘制

一、实验目的

(1) 验证电路中电位的相对性及电压的绝对性。
(2) 掌握电路电位图的绘制方法。

电位、电压的测定
及电路电位图的绘制

二、实验设备

电位、电压测定实验所需实验设备如表 1-2-1 所示。

表 1-2-1　电位、电压测定所需实验设备

序号	名　称	型号与规格	数量	备注
1	可调直流稳压电源	0~30 V	2	
2	万用表		1	自备
3	直流数字电压表	0~200 V	1	实验屏上
4	电位、电压测定实验电路板		1	DG03

三、实验原理

在一个闭合电路中，各点电位的高低视所选的电位参考点的不同而不同，但任意两点间的电位差（即电压）则是绝对的，它不因参考点的变动而改变。

电位图是一种平面坐标，其纵坐标为电位值，横坐标为各被测点。要制作某一电路的电位图，先以一定的顺序对电路中各被测点编号。以图 1-2-1 的电路为例，如图中的 $A \sim F$，在坐标横轴上按顺序、均匀间隔标上 A、B、C、D、E、F。再根据测得的各点电位值，在各点所在的垂直线上描点。用直线依次连接相邻两个电位点，即得该电路的电位图。在电位图中，任意两个被测点的纵坐标值之差即为该两点之间的电压值。

在电路中电位参考点可任意选定。对于不同的参考点，所绘出的电位图形是不同的，但其各点电位变化的规律却是一样的。

四、预习要求

(1) 查找资料，用自己的语言阐述电位和电压的区别与联系。
(2) 自己设计一个电路，制作 Multisim 仿真电路图，选定参考点，测量电路中的电位、电压，验证自己对相关概念的理解。

五、实验内容

本实验利用 DG03 挂箱的"基尔霍夫定律/叠加原理"线路，按图 1-2-1 所示接线。电位、电压测定实验电路如图 1-2-1 所示。

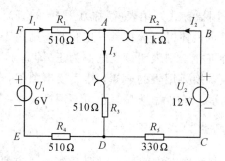

图 1-2-1 电位、电压测定实验电路

实验步骤如下：

(1) 分别将两路直流稳压电源接入电路，令 $U_1=6$ V，$U_2=12$ V。先调准输出电压值，再接入实验线路中。

(2) 以图 1-2-1 中的 A 点作为电位的参考点，分别测量 B、C、D、E、F 各点的电位值 V 及相邻两点之间的电压值 U_{AB}、U_{BC}、U_{DE}、U_{CD}、U_{EF} 及 U_{FA}，将测量数据分别列于表 1-2-2 和表 1-2-3 中。

(3) 以 D 点作为参考点，重复实验步骤(2)的测量，将测得数据列于相应表中。

表 1-2-2 电位测量实验记录

电位 参考点	V	V_A	V_B	V_C	V_D	V_E	V_F
A	计算值						
	测量值						
	相对误差						
D	计算值						
	测量值						
	相对误差						

表 1-2-3 电压测量实验记录

电位 参考点	V	U_{AB}	U_{BC}	U_{CD}	U_{DE}	U_{EF}	U_{FA}
A	计算值						
	测量值						
	相对误差						
D	计算值						
	测量值						
	相对误差						

六、实验注意事项

(1) 本实验线路板对多个实验通用,本次实验中不使用电流插头。DG03 挂箱的S_3应拨向 330 Ω 侧,3 个故障键均不得按下。

(2) 在测量电位时,若用指针式万用表(简称万用表)的直流电压挡或用直流数字电压表(即数显表)进行测量,用负表棒(黑色)接参考电位点,用正表棒(红色)接被测各点。若指针正向偏转或数显表显示正值,则表明该点电位为正(即高于参考点电位);若指针反向偏转或数显表显示负值,应调换万用表的表棒,然后读出数值,此时在电位值之前应加一负号(表明该点电位低于参考点电位)。数显表也可不调换表棒,直接读出负值。

七、实验报告要求

(1) 根据实验数据,绘制两个电位图形并对照观察各对应两点间的电压情况。两个电位图的参考点不同,但各点的相对顺序应一致,以便对照。

(2) 完成数据表格中的计算,对误差做必要的分析。

(3) 总结电位相对性和电压绝对性的结论。

(4) 总结心得体会及其他。

实验三　受控源 VCVS、VCCS、CCVS、CCCS 的实验研究

一、实验目的

通过测试受控源的外特性及其转移参数，进一步理解受控源的物理概念，加深对受控源的认识和理解。

受控源 VCVS、VCCS、CCVS、CCCS 的实验研究

二、实验设备

受控源实验研究所需实验设备如表 1-3-1 所示。

表 1-3-1　受控源实验研究所需实验设备

序号	名　　称	型号与规格	数量	备　注
1	可调直流稳压源	0～30 V	1	
2	可调恒流源	0～500 mA	1	
3	直流数字电压表	0～200 V	1	实验屏上
4	直流数字毫安表	0～2000 mA	1	实验屏上
5	可变电阻箱	0～99 999.9 Ω	1	DG05
6	受控源实验电路板		1	DG10

三、实验原理

(1) 电源有独立电源(如电池、发电机等)与非独立电源(或称为受控源)之分。

非独立电源与独立电源的不同点是：独立电源的电势 E_s 或电激流 I_s 是某固定的数值或是时间的某一函数，它不随电路其余部分的状态改变。而非独立电源的电势或电激流则是随电路中另一支路的电压或电流而变的一种电源。

非独立电源又与无源元件不同，无源元件两端的电压和它自身的电流有一定的函数关系，而非独立电源的输出电压或电流则和另一支路(或元件)的电流或电压有某种函数关系。

(2) 独立源与无源元件是二端元件，受控源则是四端元件(或称为双口元件)。它有一对输入端(U_1、I_1)和一对输出端(U_2、I_2)。输入端可以控制输出端电压或电流的大小。施加于输入端的控制量可以是电压或电流，因而有两种受控电压源(即电压控制电压源 VCVS 和电流控制电压源 CCVS)和两种受控电流源(即电压控制电流源 VCCS 和电流控制电流源 CCCS)。四种理想受控源示意图如图 1-3-1 所示。

(3) 当受控源的输出电压(或电流)与控制支路的电压(或电流)成正比变化时，则称该受控源是线性的。

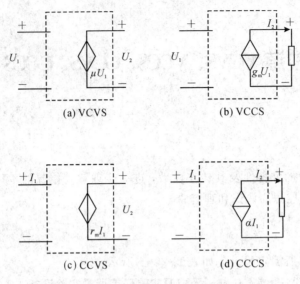

图 1-3-1　四种理想受控源示意图

理想受控源的控制支路中只有一个独立变量(电压或电流);另一个独立变量等于零,即从输入口看,理想受控源或者是短路(即输入电阻 $R_1=0$,因而 $U_1=0$),或者是开路(即输入电导 $G_1=0$,因而输入电流 $I_1=0$);从输出口看,理想受控源是一个理想电压源,或者是一个理想电流源。

(4) 受控源的控制端与受控端的关系式称为转移函数。四种理想受控源的转移函数参量的定义如下:

(1) 压控电压源(VCVS): $U_2=f(U_1)$,$\mu=U_2/U_1$ 称为转移电压比(或电压增益)。

(2) 压控电流源(VCCS): $I_2=f(U_1)$,$g_m=I_2/U_1$ 称为转移电导。

(3) 流控电压源(CCVS): $U_2=f(I_1)$,$r_m=U_2/I_1$ 称为转移电阻。

(4) 流控电流源(CCCS): $I_2=f(I_1)$,$\alpha=I_2/I_1$ 称为转移电流比(或电流增益)。

四、预习要求

查找相关资料,试完成以下几个问题:

(1) 受控源和独立源相比有何异同点?比较四种受控源的代号、电路模型以及控制量与被控量的关系。

(2) 四种理想受控源中的 r_m、g_m、α 和 μ 的意义是什么?如何测量?

(3) 若受控源控制量的极性反向,试问其输出极性是否发生变化?

(4) 受控源的控制特性是否适合于交流信号?

(5) 如何由两个基本的 CCVS 和 VCCS 获得其他两个 CCCS 和 VCVS?它们的输入与输出如何连接?

五、实验内容

实验应注意的是,电压源输入电压值不要大于 10 V,电流源不要大于 20 mA,否则会损坏受控源模块。

实验步骤如下：

（1）测量受控源 VCVS 的转移特性 $U_2=f(U_1)$ 及负载特性 $U_2=f(I_2)$。测量 VCVS 特性实验电路如图 1-3-2 所示。

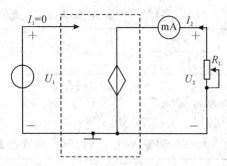

图 1-3-2　测量 VCVS 特性实验电路

① 不接电流表。令 $R_L=2\,\mathrm{k\Omega}$，调节稳压电源输出电压值，测量 U_1 相应的 U_2 的值，将测量的 VCVS 转移电压比实验数据记入表 1-3-2 中。

表 1-3-2　测量 VCVS 转移电压比实验数据

U_1/V	0	1	2	3	4	5	6	7	8	9	μ
U_2/V											

在方格纸上绘制 $U_2=f(U_1)$ 曲线，并在其线性部分求出转移电压比 μ。

② 接入电流表。保持 $U_1=2\,\mathrm{V}$，调节 R_L 可变电阻箱的阻值，测量 U_2 及 I_L，绘制 $U_2=f(I_L)$ 曲线，将测量 VCVS 负载特性实验数据记入表 1-3-3。

表 1-3-3　测量 VCVS 负载特性实验数据

R_L/Ω	50	70	100	200	300	400	500	∞
U_2/V								
I_L/mA								

（2）测量受控源 VCCS 的转移特性 $I_L=f(U_1)$ 及负载特性 $I_L=f(U_2)$。测量 VCCS 特性实验电路如图 1-3-3 所示。

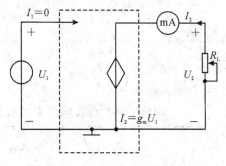

图 1-3-3　测量 VCCS 特性实验电路

① 固定 $R_L=2\ \text{k}\Omega$，调节稳压电源的输出电压 U_1 测出相应的 I_L 的值，绘制 $I_L=f(U_1)$ 曲线，并由其线性部分求出转移电导 g_m。将测量的 VCCS 转移电导实验数据记入表 1-3-4。

表 1-3-4　测量 VCCS 转移电导实验数据

U_1/V	0.1	0.5	1.0	2.0	3.0	3.5	3.7	4.0	g_m
I_L/mA									

② 保持 $U_1=2\ \text{V}$，令 R_L 从大到小变化，测出相应的 I_L 及 U_2，绘制 $I_L=f(U_2)$ 曲线。将测量的 VCCS 负载特性实验数据记入表 1-3-5。

表 1-3-5　测量 VCCS 负载特性实验数据

$R_L/\text{k}\Omega$	50	20	10	8	7	6	5	4	2	1
I_L/mA										
U_2/V										

(3) 测量受控源 CCVS 的转移特性 $U_2=f(I_L)$ 与负载特性 $U_2=f(I_L)$。测量 CCVS 特性实验电路如图 1-3-4 所示。

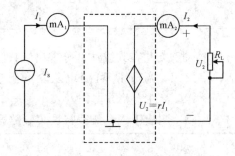

图 1-3-4　测量 CCVS 特性实验电路

① 固定 $R_L=2\ \text{k}\Omega$，调节恒流源的输出电流 I_s，按表 1-3-6 所列 I_s 的值测出 U_2，绘制 $U_2=f(I_1)$ 曲线，并由其线性部分求出转移电阻 r_m。将测量的 CCVS 转移电阻特性实验数据记入表 1-3-6。

表 1-3-6　测量 CCVS 转移电阻特性实验数据

I_s/mA	0.1	1.0	3.0	5.0	7.0	8.0	9.0	9.5	r_m
U_2/V									

② 保持 $I_s=2\ \text{mA}$。按表 1-3-7 所列 R_L 值，测出 U_2 及 I_L，绘制负载特性曲线 $U_2=f(I_L)$。将测量的 CCVS 负载特性实验数据记入表 1-3-7。

表 1-3-7　测量 CCVS 负载特性实验数据

$R_L/\text{k}\Omega$	0.5	1	2	4	6	8	10
U_2/V							
I_L/mA							

（4）测量受控源 CCCS 的转移特性 $I_L = f(I_1)$ 及负载特性 $I_L = f(U_2)$。测量 CCCS 特性实验电路如图 1-3-5 所示。

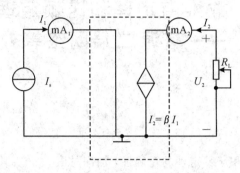

图 1-3-5　测量 CCCS 特性实验电路

① 参照步骤（3）中情况①测出 $I_L = f(I_1)$，并由其线性部分求出转移电流比 α。将测量的 CCCS 电流增益实验数据记入表 1-3-8。

表 1-3-8　测量 CCCS 电流增益实验数据

I_1/mA	0.1	0.2	0.5	1	1.5	2	2.2	α
I_L/V								

② 保持 $I_s = 1$ mA，调节 R_L，测量 I_L、U_2，绘制出 $I_L = f(U_2)$ 曲线，将测量的 CCCS 负载特性实验数据记入表 1-3-9。

表 1-3-9　测量 CCCS 负载特性实验数据

R_L/kΩ	0	0.1	0.5	1	2	5	10	20	30	80
I_L/mA										
U_2/V										

六、实验注意事项

（1）每次组装线路，必须事先断开供电电源，但不必关闭电源总开关。

（2）在用恒流源供电的实验中，不要使恒流源的负载开路。

（3）电压源输入电压值不要大于 10 V，电流源不要大于 20 mA，否则会损坏受控源模块。

七、实验报告要求

（1）根据实验数据，在方格纸上分别绘出四种理想受控源的转移特性和负载特性曲线，并求出相应的转移参量。

（2）对预习要求内的思考题做必要的回答。

（3）对实验的结果做出合理的分析和结论，总结对四种理想受控源的认识和理解。

（4）总结心得体会及其他。

实验四　戴维南定理和诺顿定理的验证
——有源二端网络等效参数的测定

一、实验目的

（1）验证戴维南定理和诺顿定理的正确性，加深对该
定理的理解。

（2）掌握测量有源二端网络等效参数的一般方法。

戴维南定理和诺顿定理的验证
——有源二端网络等效参数的测定

二、实验设备

验证戴维南定理所需实验设备如表 1-4-1 所示。

表 1-4-1　验证戴维南定理所需实验设备

序号	名　称	型号与规格	数量	备　注
1	可调直流稳压电源	0～30 V	1	
2	可调直流恒流源	0～500 mA	1	
3	直流数字电压表	0～200 V	1	实验屏上
4	直流数字毫安表	0～200 mA	1	实验屏上
5	万用表		1	自备
6	可调电阻箱	0～99 999.9 Ω	1	DG05
7	电位器	1 kΩ/1 W	1	DG05
8	戴维南定理实验电路板		1	DG05

三、实验原理

1. 有源二端网络的定义及其等效参数

任何一个线性有源网络，如果只研究其中一条支路的电压和电流，则可将电路的其余
部分看成是一个有源二端网络（或称为含源一端口网络）。

戴维南定理指出：任何一个线性有源网络，总可以用一个电压源与一个电阻的串联来等
效代替，此电压源的电动势 U_s 等于这个有源二端网络的开路电压 U_{oc}，其等效内阻 R_0 等于该
网络中所有独立源均置零（理想电压源视为短接，理想电流源视为开路）时的等效电阻。

诺顿定理指出：任何一个线性有源网络，总可以用一个电流源与一个电阻的并联组合
来等效代替，此电流源的电流 I_s 等于这个有源一端网络的短路电流 I_{sc}，其等效内阻 R_0 定

义同戴维南定理。

$U_{oc}(U_s)$ 和 R_0 或 $I_{sc}(I_s)$ 和 R_0 称为有源二端网络的等效参数。

2. 有源二端网络等效参数的测量方法

1）用开路电压法、短路电流法测量 R_0

在有源二端网络输出端开路时，用电压表直接测其输出端的开路电压 U_{oc}，然后再将其输出端短路，用电流表测其短路电流 I_{sc}，则等效内阻为 $R_0 = U_{oc}/I_{sc}$。

如果二端网络的内阻很小，若将其输出端口短路则易损坏其内部元件，因此不宜用此法。

2）用伏安法测量 R_0

用电压表、电流表测出有源二端网络的外特性曲线。用伏安法测量 R_0 如图 1-4-1 所示。

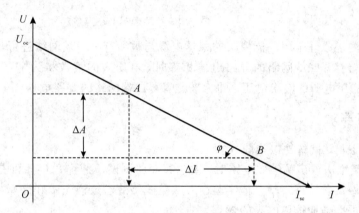

图 1-4-1　用伏安法测量 R_0

根据外特性曲线求出斜率 $\tan\varphi$，则内阻 $R_0 = \tan\varphi = \dfrac{\Delta U}{\Delta I} = U_{oc}/I_{sc}$。也可以先测量开路电压 U_{oc}，再测量电流为恒定值时的输出端电压值 U_o，则内阻 $R_0 = \dfrac{U_{oc} - U_o}{I_o}$。

3）用半电压法测量 R_0

当负载电压为被测网络开路电压的一半时，负载电阻（由电阻箱的读数确定）即为被测有源二端网络的等效内阻值。用半电压法测量 R_0 如图 1-4-2 所示。

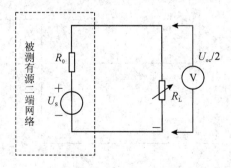

图 1-4-2　用半电压法测量 R_0

4）用零示法测量 U_{oc}

在测量具有高内阻有源二端网络的开路电压时，用电压表直接测量会造成较大的误差。为了消除电压表内阻的影响，往往采用零示法。用零示法测量 U_{oc} 如图 1-4-3 所示。

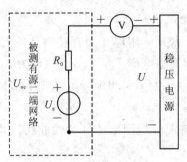

图 1-4-3　用零示法测量 U_{oc}

零示法的测量原理是用一低内阻的稳压电源与被测有源二端网络进行比较，当稳压电源的输出电压与有源二端网络的开路电压相等时，电压表的读数将为"0"。然后将电路断开，测量此时稳压电源的输出电压，即为被测有源二端网络的开路电压。

四、预习要求

查找相关资料，试解答以下问题：

（1）在求戴维南或诺顿等效电路时，要进行短路测试，测量 I_{sc} 的条件是什么？在本实验中可否直接做负载短路实验？请实验前对实验线路的参数预先做好计算，以便调整实验线路及测量时可准确地选取电表的量程。

（2）说明测量有源二端网络开路电压及等效内阻的几种方法，并比较其优缺点。

五、实验内容

被测有源二端网络如图 1-4-4 所示。

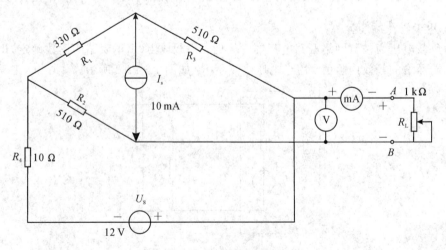

图 1-4-4　被测有源二端网络

被测有源二端网络等效模型如图 1-4-5 所示。

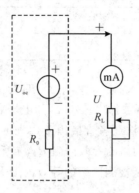

图 1-4-5 被测有源二端网络等效模型

(1) 用开路电压、短路电流法测定戴维南等效电路的 U_{oc}、R_0 和诺顿等效电路的 I_{sc}、R_0。按图 1-4-5 接入稳压电源 $U_s = 12$ V 和恒流源 $I_s = 10$ mA，不接入 R_L。测出 U_{oc} 和 I_{sc}，并计算出 R_0(在测量 U_{oc} 时，不接入电流表)。用开路电压法、短路电流法测量 U_{oc}、R_0 如表 1-4-2 所示。

表 1-4-2 用开路电压法、短路电流法测量 U_{oc}、R_0

U_{oc}/V	I_{sc}/mA	$R_0 = \dfrac{U_{oc}}{I_{sc}}/\Omega$

(2) 负载实验。按图 1-4-5 接入 R_L。改变 R_L 的阻值，测量有源二端网络的外特性曲线。有源二端网络外特性曲线测绘实验数据如表 1-4-3 所示。

表 1-4-3 有源二端网络外特性曲线测绘实验数据

U/V									
I/mA									

(3) 验证戴维南定理。从电阻箱上取得按步骤(1)所得的等效电阻 R_0，然后令其与直流稳压电源(调到步骤(1)时所测得的开路电压 U_{oc})相串联。仿照步骤(2)测其外特性，对戴维南定理进行验证。等效模型验证戴维南定理实验数据如表 1-4-4 所示。

表 1-4-4 等效模型验证戴维南定理实验数据

U/V									
I/mA									

(4) 验证诺顿定理。从电阻箱上取得按步骤(1)所得的等效电阻 R_0，然后令其与直流恒流源(调到步骤(1)时所测得的短路电流 I_{sc})相并联，如图 1-4-5 所示。仿照步骤(2)测其外特性，对诺顿定理进行验证。等效模型验证诺顿定理实验数据如表 1-4-5 所示。

表 1 - 4 - 5   等效模型验证诺顿定理实验数据

U/V									
I/mA									

(5) 有源二端网络等效电阻(又称为入端电阻)的直接测量法如图 1 - 4 - 5 所示,将被测有源网络内的所有独立源置零(去掉电流源 I_s 和电压源 U_s,并在原电压源所接的两点用一根短路导线相连)。然后用伏安法或者直接用万用表的欧姆挡去测定负载 R_L 开路时 A、B 两点之间的电阻,此即为被测网络的等效内阻 R_0,或称为网络的输入端电阻 R_i。

(6) 用半电压法和零示法测量被测网络的等效内阻 R_0 及其开路电压 U_{oc}。其线路及数据表格自拟。

六、实验注意事项

(1) 测量时应注意电流表量程的更换。

(2) 在实验中,电压源置零时不可将稳压源短接。

(3) 在用万用表直接测量 R_0 时,网络内的独立源必须先置零,以免损坏万用表。其次,欧姆挡必须经调零后再进行测量。

(4) 在用零示法测量 U_{oc} 时,应先将稳压电源的输出调至接近于 U_{oc},再按图 1 - 4 - 6 测量。用零示法测量 U_{oc} 如图 1 - 4 - 6 所示。

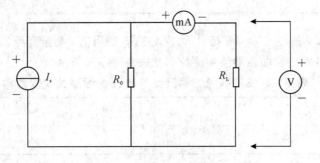

图 1 - 4 - 6   用零示法测量 U_{oc}

(5) 在改接线路时,要关掉电源。

七、实验报告要求

(1) 根据步骤(2)、(3)、(4)分别绘出曲线,验证戴维南定理和诺顿定理的正确性,并分析产生误差的原因。

(2) 根据步骤(1)、(5)、(6)的几种方法测得的 U_{oc} 和 R_0 与预习时电路计算的结果作比较,能得出什么结论?

(3) 归纳、总结实验结果。

(4) 总结心得体会及其他。

实验五　叠加定理的验证

一、实验目的

验证线性电路叠加定理的正确性，加深对线性电路的叠加性和齐次性的认识和理解。

叠加定理的验证

二、实验设备

叠加定理验证实验所需实验设备如表 1-5-1 所示。

表 1-5-1　叠加定理验证实验所需实验设备

序号	名　称	型号与规格	数量	备　注
1	可调直流稳压电源	0～30 V	2	
2	万用表		1	自备
3	直流数字毫安表	0～2000 mA	1	实验屏上
4	直流数字电压表	0～200 V	1	实验屏上
5	叠加定理实验电路板		1	DG03

三、实验原理

叠加定理指出：在有多个独立源共同作用下的线性电路中，通过每一个元件的电流或其两端的电压，可以看成是由每一个独立源单独作用时在该元件上所产生的电流或电压的代数和。

线性电路的齐次性是指当激励信号（某独立源的值）增加 K 倍或减小为原来的 $1/K$ 倍时，电路的响应（即在电路中各电阻元件上所建立的电流或电压值）也将增加 K 倍或减小为原来的 $1/K$ 倍。

四、预习要求

查找相关资料，试解答以下问题：

（1）在叠加原理验证实验中，要令 U_1、U_2 分别单独作用，应如何操作？可否直接将不作用的电源（U_1 或 U_2）短接置零？

（2）在实验电路中，若有个电阻器改为二极管，试问叠加定理的叠加性与齐次性还成立吗？为什么？

五、实验内容

本实验利用 DG03 挂箱的"基尔霍夫定律/叠加定理"线路。叠加定理的验证实验电路如图 1-5-1 所示。

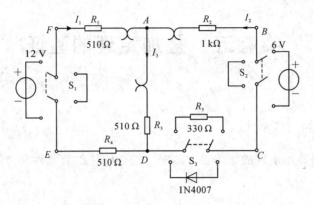

图 1-5-1 叠加定理的验证实验电路

叠加定理的验证实验步骤如下：

（1）将两路稳压源的输出分别调节为 12 V 和 6 V，接入 U_1 和 U_2 处。

（2）令 U_1 电源单独作用（将开关 S_1 投向 U_1 侧，开关 S_2 投向短路侧）。用直流数字电压表和毫安表（接电流插头）测量各支路电流及各电阻元件两端的电压，数据记入表 1-5-2。

表 1-5-2　叠加定理验证实验数据

测量项目	U_1/V	U_2/V	I_1/mA	I_2/mA	I_3/mA	U_{AB}/V	U_{CD}/V	U_{AD}/V	U_{DE}/V	U_{FA}/V
U_1单独作用										
U_2单独作用										
U_1、U_2共同作用										
$2U_2$单独作用										

（3）令 U_2 电源单独作用（将开关 S_1 投向短路侧，开关 S_2 投向 U_2 侧），重复实验步骤（2）的测量和记录，数据记入表 1-5-2。

（4）令 U_1 和 U_2 共同作用（将开关 S_1 和 S_2 分别投向 U_1 和 U_2 侧），重复上述的测量和记录，数据记入表 1-5-2。

（5）将 U_2 的数值调至 12 V，重复上述第 3 项的测量并记录，数据记入表 1-5-2。

（6）将 R_5（330 Ω）换成二极管 1N4007（即将开关 S_3 投向二极管 1N4007 侧），重复实验步骤（1）～（5）的测量过程，数据记入表 1-5-3。

（7）任意按下某个故障键，重复实验步骤（4）的测量和记录，再根据测量结果判断出故障的性质。按下某个故障键后叠加定理验证实验数据如表 1-5-3 所示。

表 1-5-3　按下某个故障键后叠加定理验证实验数据

测量项目	U_1/V	U_2/V	I_1/mA	I_2/mA	I_3/mA	U_{AB}/V	U_{CD}/V	U_{AD}/V	U_{DE}/V	U_{FA}/V
U_1单独作用										
U_2单独作用										
U_1、U_2共同作用										
$2U_2$单独作用										

六、实验注意事项

(1) 在用电流表测量各支路电流，或者用电压表测量电压降时，应注意仪表的极性，正确判断测得值的"＋"和"－"号后，记入数据表格。

(2) 注意仪表量程的及时更换。

七、实验报告要求

(1) 根据实验数据表格，进行分析、比较、归纳、总结实验结论，即验证线性电路的叠加性与齐次性。

(2) 各电阻器所消耗的功率能否用叠加定理计算得出？试用上述实验数据，进行计算并做结论。

(3) 通过实验步骤(6)及分析表 1 - 5 - 2 的数据，能得出什么样的结论？

(4) 总结心得体会及其他。

实验六　基尔霍夫定律的验证

一、实验目的

基尔霍夫定律的验证

(1) 验证基尔霍夫定律的正确性,加深对基尔霍夫定律的理解。

(2) 学会用电流插头、插座测量各支路电流。

二、实验设备

基尔霍夫定律验证实验所需实验设备如表 1-6-1 所示。

表 1-6-1　基尔霍夫定律验证实验所需实验设备

序号	名　　称	型号与规格	数量	备　　注
1	可调直流稳压电源	0~30 V	2	
2	万用表		1	自备
3	直流数字毫安表	0~2000 mA	1	实验屏上
4	直流数字电压表	0~200 V	1	实验屏上
5	基尔霍夫定律实验电路板		1	DG03

三、实验原理

基尔霍夫定律是电路的基本定律。测量某电路的各支路电流及每个元件两端的电压,应能分别满足基尔霍夫电流定律(KCL)和电压定律(KVL)。即对电路中的任一个节点而言,应有 $\sum I = 0$;对任何一个闭合回路而言,应有 $\sum U = 0$。

在运用基尔霍夫定律时,必须注意各支路或闭合回路中电流的正方向,此方向可预先任意设定。

四、预习要求

查找相关资料,试解答以下问题:

(1) 根据图 1-6-1 的电路参数,计算出待测的电流 I_1、I_2、I_3 和各电阻上的电压值,记入表中,以便在测量时,可正确地选定电流表和电压表的量程。

(2) 在实验中,若用指针式万用表的直流毫安挡测量各支路电流,在什么情况下可能出现指针反偏,应如何处理? 在记录数据时应注意什么? 若用直流数字电流表进行测量,则会有什么显示呢?

五、实验内容

本实验利用 DG03 挂箱的"基尔霍夫定律/叠加定理"线路。基尔霍夫定律的验证实验电路如图 1-6-1 所示。

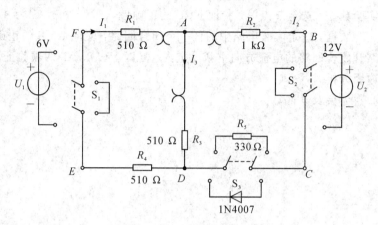

图 1-6-1　基尔霍夫定律的验证实验电路

基尔霍夫定律的验证实验步骤如下：

(1) 实验前先任意设定三条支路和三个闭合回路的电流正方向。图 1-6-1 中的 I_1、I_2、I_3 的方向已设定。三个闭合回路的电流正方向可设为 ADEFA、BADCB 和 FBCEF。

(2) 分别将两路直流稳压源接入电路，令 $U_1 = 6$ V，$U_2 = 12$ V。

(3) 熟悉电流插头的结构，将电流插头的两端接至数字电流表的"＋"和"－"号两端。

(4) 将电流插头分别插入三条支路的三个电流插座中，读出并记录电流值。

(5) 用直流数字电压表分别测量两路电源及电阻元件上的电压值，将数据记录在表 1-6-2 中。

表 1-6-2　基尔霍夫定理验证实验数据

被测量	I_1 /mA	I_2 /mA	I_3 /mA	U_1 /V	U_2 /V	U_{FA} /V	U_{AB} /V	U_{AD} /V	U_{CD} /V	U_{DE} /V
测量值										
相对误差										
计算值										

六、实验注意事项

(1) 测量时应注意电流表量程的更换，需用到电流插座。

(2) 所有需要测量的电压值，均以直流数字电压表测量的读数为准。U_1、U_2 也需要测量，不应取电源本身的显示值。

(3) 防止稳压电源两个输出端碰线短路。

(4) 在用指针式万用表分别测量电压和电流时，如果仪表指针反偏，则必须调换仪表极性，重新测量。此时指针正偏，可读得电压或电流值。若用直流数字电压表或电流表测量,则可直接读出电压或电流值。但应注意的是,所读得的电压或电流值的正、负号应根据设定参考的电流方向来判断。

七、实验报告要求

(1) 根据实验数据,选定节点 A,验证 KCL 的正确性。

(2) 根据实验数据,选定实验电路中的任一个闭合回路,验证 KVL 的正确性。

(3) 将支路和闭合回路的电流方向重新设定,重复以上(1)、(2)两项验证。

(4) 误差原因分析。

(5) 总结心得体会及其他。

实验七 电容储能与充、放电研究

一、实验目的

(1) 通过实验加深对电容器储能性质的理解，熟悉电容器在直流电源激励下的各种不同作用。

电容储能与充、放电研究

(2) 研究电容充、放电的条件、过程，以及时间常数 τ 与电路参数 R、C 的关系。

(3) 学习用电压表、电流表和秒表测量充、放电的电压、电流以及时间常数 τ 的方法。

二、实验设备

电容储能与充、放电研究所需实验设备如表 1-7-1 所示。

表 1-7-1 电容储能与充、放电研究所需实验设备

序号	名　称	型号与规格	数量	备　注
1	万用表		1	自备
2	秒表		1	
3	DL5 型电路原理装置	$0\sim500\ V$	1	

三、实验原理

1. 电容器的储能

电容器是一种储能元件，在电容器的两端加电压 u，它的极板上储存电荷 $\pm q$，$q = Cu$，C 为电容值。

电容器有隔直流的作用。电容电压和电流的关系为 $i = C\dfrac{\mathrm{d}u}{\mathrm{d}t}$，如果电压不变，$\mathrm{d}u/\mathrm{d}t = 0$，虽有电压，但电流为 0，这时电容元件相当于开路，因此有隔直流的作用。

2. RC 串联电路充、放电的研究

(1) 电容充电。它是指电容元件积累电荷的过程，即电容电压由初值 $u_C = 0$ 开始，随着时间的增长而逐渐增大，直到电容电压 u_C 等于电源电压 u_s 的过程。

(2) 电容放电。它是指电容元件释放所存储电荷的过程，即电容电压由初始最大值 u_C 开始，随着时间的增长而逐渐减少，最后到 $u_C = 0$ 的过程。

(3) 时间常数 τ。在 RC 串联电路的过渡过程中，电容充电或放电，电压或电流将由初始值开始随时间的增长按指数规律变化，进展速度由时间常数 τ 决定。$\tau = RC$，电容放电时

电压u_C和电流i可分别表示$u_C = u_0 e^{-\frac{t}{\tau}}$，$i = \dfrac{u_0 e^{-\frac{t}{\tau}}}{R}$。$\tau$反映此一阶电路过渡过程的进展快慢，$\tau$越小，过渡过程越快；反之越慢。时间常数$\tau$的单位表示过程为

$$\tau = RC = \text{欧姆} \cdot \text{法拉欧姆} \cdot \frac{\text{库仑}}{\text{伏特}} = \text{欧姆} \cdot \text{安培} \cdot \frac{\text{秒}}{\text{伏特}} = \text{秒}$$

（4）τ的求法：

① 计算法。$\tau = RC$。

② 测量法。当τ较大时，电容充、放电过程可用万用表与秒表进行测量；当τ较小时，可用示波器进行观测。

③ 作图法。又称为几何法，用示波器观察u_C、u_R和i随时间变化的曲线。

电容电压随时间变化的曲线如图1-7-1所示。在电压u_C和电流i的指数曲线上任意点的次切距长度即为τ。

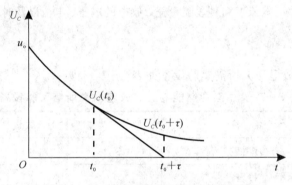

图1-7-1 电容电压随时间变化的曲线

3. 实验采用的方法

（1）直接观察法。观察与支路串联的发光二极管是否发亮、亮暗程度以及发亮时间长短的变化，可定性判断电路中有无电流通过，电流的方向、大小以及通过电流的时间长短等。

（2）测量法。用直流电压表、电流表与秒表相结合，不仅可测量各值大小，还可观察变化趋势以及充、放电的电流、电压方向。

四、预习要求

（1）查找资料，了解电容器在直流电源激励下的各种作用。

（2）查找资料，解释电容充、放电的条件、过程以及时间常数τ的定义。

（3）事先了解用电压表、电流表和秒表测量充、放电的电压、电流以及时间常数τ的方法。

五、实验内容

1. 观察RC串联电路接通，断开直流电压源的现象

电路如图1-7-2所示。观察电路中发光二极管的亮暗程度与发亮时间长短。断开直流电压源测试电路图如图1-7-2所示。

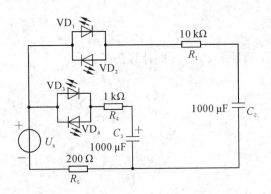

图 1-7-2　断开直流电压源测试电路图

2. 电容充、放电后的测量与研究

（1）充电后的测量。电容储能与充、放电研究实验电路如图 1-7-3 所示。选一条 RC 串联电路，如选 R_2 与 C_1，当 $U_C=0$ 时，即在零状态下，测量电容 C_1 上的电压，在接通电源的同时启动秒表，按表 1-7-3 中规定的时间值，一次进行电压的测量。电容储能与充、放电研究实验数据 I 如表 1-7-2 所示。

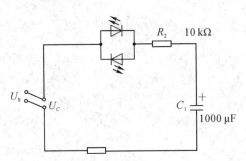

图 1-7-3　电容储能与充、放电研究实验电路

表 1-7-2　电容储能与充、放电研究实验数据 I

测量	起始条件：$U_s=30\ V$，$U_C=0\ V$，$C_1=1000\ \mu F$，$R_2=1\ k\Omega$，$\tau=R_2C_1=1\ s$							
t	0	τ	2τ	3τ	4τ	5τ	6τ	7τ	8τ
U_C								

（2）将图 1-7-3 中开关拨向短路侧，同时启动秒表，按表 1-7-3 中规定的时间，依次进行电源的测量。电容储能与充、放电研究实验数据 II 如表 1-7-3 所示。

表 1-7-3　电容储能与充、放电研究实验数据 II

测量	起始条件：$U_s=0\ V$，$U_C=30\ V$，$C_1=1000\ \mu F$，$R_2=1\ k\Omega$，$\tau=R_2C_1=1\ s$							
T	0	τ	2τ	3τ	4τ	5τ	6τ	7τ	8τ
U_C								

六、实验报告要求

（1）根据实验数据，验证 i_C、u_C、τ 的计算公式。

（2）误差原因分析。

（3）总结心得体会及其他。

实验八　典型电信号的观察与测量

一、实验目的

（1）熟悉低频信号发生器、脉冲信号发生器（统称函数信号发生器）各旋钮、开关的作用及其使用方法。

（2）初步掌握用示波器观察电信号波形，定量测出正弦信号和脉冲信号的波形参数。

典型电信号的观察与测量

（3）初步掌握示波器、函数信号发生器的使用。

二、实验设备

典型电信号的观察与测量所需实验设备如表 1-8-1 所示。

表 1-8-1　典型电信号的观察与测量所需实验设备

序号	名　称	型号与规格	数量	备　注
1	双踪示波器		1	自备
2	低频/脉冲信号发生器		1	
3	交流数字电压表	0～500 V	1	
4	频率计		1	

三、实验原理

（1）正弦交流信号和方波脉冲信号是常用的电激励信号，可分别由低频信号发生器和脉冲信号发生器提供。正弦信号的波形参数是幅值 U_m、周期 T（或频率 f）和初相；脉冲信号的波形参数是幅值 U_m、周期 T 及脉宽 t_k。此实验装置能提供频率范围为 20 Hz～50 kHz 的正弦波及方波，并有 6 位 LED 数码管显示信号的频率。正弦波的幅度值在 0～5 V 之间连续可调，方波的幅度为 1 V～3.8 V 可调。

（2）电子示波器是一种信号图形观测仪器，可测出电信号的波形参数。从荧光屏的 Y 轴刻度尺并结合其量程分挡选择开关（Y 轴输入电压灵敏度 V/div 分挡选择开关）读得电信号的幅值；从黄光屏的 X 轴刻度尺并结合其量程分挡（时间扫描速度 t/div 分挡）选择开关，读得电信号的周期、脉宽、相位差等参数。为了完成对各种不同波形、不同要求的观察和测量，它还有一些其他的调节和控制旋钮，希望学生在实验中加以摸索和掌握。一台双踪示波器可以同时观察和测量两个信号的波形和参数。

四、预习要求

查找资料，试回答以下问题：

（1）示波器面板上"t/div"和"V/div"旋钮的含义是什么？

（2）在观察本机"标准信号"时，要在荧光屏上得到两个周期的稳定波形，而幅度要求为五格，试问 Y 轴电压灵敏度应置于哪一挡位置？"t/div"旋钮又应置于哪一挡位置？

（3）应用双踪示波器观察到如图 $1-8-1$ 所示的两个波形，Y_A 和 Y_B 轴的"V/div"旋钮的指示均为 $0.5\,V$，"t/div"旋钮的指示为 $20\,\mu s$，试写出这两个波形信号的波形参数。示波器所示波形如图 $1-8-1$ 所示。

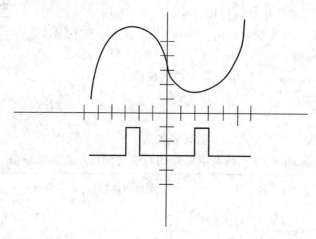

图 $1-8-1$　示波器所示波形

五、实验内容

1. 双踪示波器的自检

将示波器面板部分的"标准信号"插口，通过示波器专用同轴电缆接至双踪示波器的 Y 轴插入插口 Y_A 或 Y_B。然后开启示波器电源，指示灯亮。稍后，协调地调节示波器面板的"辉度""聚焦""辅助聚焦""X 轴位移""Y 轴位移"等旋钮，使荧光屏的中心部分显示出线条细而清晰、亮度适中的方波形；通过选择幅度和扫描速度，并将它们的微调旋钮旋至"校准"位置，从荧光屏上读出"标准信号"的幅值与频率，并与标称值（$1\,V$，$1\,kHz$）作比较，若相差较大，应进行校准。

2. 正弦波信号的观察和测量

（1）将示波器的幅度和扫描速度微调旋钮旋至"校准"位置。

（2）通过电缆线，将低频信号发生器的正弦波输出口与示波器的 Y_A 插座相连。

（3）接通低频信号发生器的电源，选择正弦波输出。通过相应的调节，使输出频率分别为 $50\,Hz$、$1.5\,kHz$ 和 $20\,kHz$（由频率计读出）；再使输出幅值分别为 $0.1\,V$、$1\,V$ 和 $3\,V$（由交流毫伏表读出）。调节示波器 Y 轴和 X 轴的偏转灵敏度至合适的位置，从荧光屏上读出幅值及周期，记入表中。不同频率、不同幅值正弦波信号测量数据分别记入表 $1-8-2$、表 $1-8-3$。

表 1-8-2　不同频率正弦波信号测量数据

频率计读数所测项目	正弦波信号频率的测定		
	50 Hz	1500 Hz	20 000 Hz
示波器"t/div"旋钮位置			
一个周期占有的格数			
信号周期/s			
计算所得频率/Hz			

表 1-8-3　不同幅值正弦波信号测量数据

交流毫伏表读数所测项目	正弦波信号幅值的测定		
	0.1 V	1 V	3 V
示波器"V/div"旋钮位置			
峰-峰值波形的格数			
峰-峰值			
计算所得有效值			

3. 方波脉冲信号的观察和测量

(1) 将电缆插头换接在脉冲信号的输出插口上,选择方波信号输出。

(2) 调节方波的输出幅度 U_{P-P} 为 3 V(用示波器测定),分别观测 100 Hz、3 kHz 和 30 kHz 方波信号的波形参数。

(3) 使信号频率保持在 3 kHz,选择不同的幅度及脉宽,观测波形参数的变化。

六、实验注意事项

(1) 示波器的辉度不要过亮。

(2) 在调节仪器旋扭时,动作不要过快、过猛。

(3) 在调节示波器时,要注意触发开关和电平调节旋钮配合使用,以使显示的波形稳定。

(4) 在测定时,"t/div"和"V/div"旋钮应旋至"标准"位置。

(5) 为防止外界干扰,函数信号发生器的接地端与示波器的接地端要相连(称为共地)。

(6) 对于不同品牌的示波器,各旋钮、功能的标注不尽相同,实验前请详细阅读所用示波器的说明书。

(4) 实验前应认真阅读函数信号发生器的使用说明书。

七、实验报告要求

(1) 整理实验中显示的各种波形,绘制有代表性的波形。

(2) 总结实验中所用仪器的使用方法及观测电信号的方法。

（3）本题目示波器所示波形如图 1-8-2 所示。用示波器观察正弦信号，当荧光屏上出现如图 1-8-2 所示的几种情况时，试说明测试系统中哪些旋钮的位置不对？应如何调节？

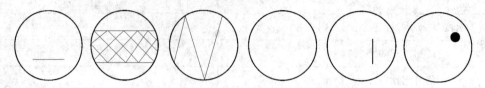

图 1-8-2　本题目示波器所示波形

（4）总结心得体会及其他。

实验九　RC 一阶电路的响应测试

一、实验目的

（1）测定 RC 一阶电路的零输入响应、零状态响应及完全响应。

（2）学习电路时间常数的测量方法。

（3）掌握有关微分电路和积分电路的概念。

（4）进一步学会用示波器观测波形。

RC 一阶电路的响应测试

二、实验设备

RC 一阶电路响应测试所需实验设备如表 1-9-1 所示。

表 1-9-1　RC 一阶电路响应测试所需实验设备

序号	名　称	型号与规格	数量	备　注
1	函数信号发生器		1	实验台上
2	双踪示波器		1	自备
3	动态电路实验板		1	DG03

三、实验原理

（1）动态网络的过渡过程是十分短暂的单次变化过程。要用普通示波器观察过渡过程和测量有关的参数，就必须使这种单次变化的过程重复出现。为此，我们利用函数信号发生器输出的方波模拟阶跃激励信号，即利用方波输出的上升沿作为零状态响应的正阶跃激励信号；利用方波的下降沿作为零输入响应的负阶跃激励信号。只要选择方波的重复周期远大于电路的时间常数 τ，那么电路在这样的方波序列脉冲信号的激励下，它的响应就和直流电接通与断开的过渡过程是基本相同的。

（2）RC 一阶电路的零输入响应和零状态响应分别按指数规律衰减和增长，其变化的快慢取决于电路的时间常数 τ。

（3）时间常数 τ 的测定方法：根据一阶微分方程的求解得知 $u_C = U_m e^{-t/RC} = U_m e^{-t/T}$。当 $t=1$ 时，$U_C(T) = 0.368 U_m$。此时所对应的时间就等于 T。亦可用零状态响应波形增加到 $0.632 U_m$ 所对应的时间测得。动态网络的过渡过程如图 1-9-1 所示。

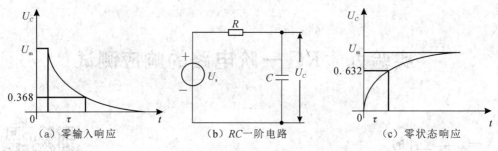

(a) 零输入响应　　　　　　　(b) RC 一阶电路　　　　　　　(c) 零状态响应

图 1-9-1　动态网络的过渡过程

(4) 微分电路和积分电路是 RC 一阶电路中较典型的电路，它对电路元件参数和输入信号的周期有着特定的要求。一个简单的 RC 串联电路，在方波序列脉冲的重复激励下，当满足 $T=RC\ll T/2$（T 为方波脉冲的重复周期），并且由 R 两端的电压作为响应输出时，则该电路就是一个微分电路，因为此时电路的输出信号电压与输入信号电压的微分成正比。微分电路与积分电路如图 1-9-2 所示。利用微分电路可以使方波转变成尖脉冲。

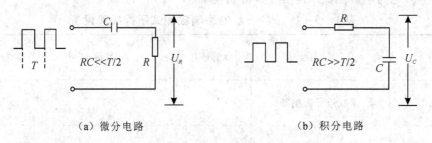

(a) 微分电路　　　　　　　　　　　　(b) 积分电路

图 1-9-2　积分电路与微分电路

若将图 1-9-2(a) 中的 R 与 C 位置调换一下，如图 1-9-2(b) 所示，由 C 两端的电压作为响应输出，并且当电路的参数满足 $\tau=RC\gg T/2$，则该 RC 电路称为积分电路，因为此时电路的输出信号电压与输入信号电压的积分成正比。利用积分电路可以将方波转变成三角波。

从输入/输出波形来看，上述两个电路均起着波形变换的作用，请在实验过程仔细观察与记录。

四、预习要求

熟读仪器使用说明，回答下列问题，准备方格纸。

(1) 什么样的电信号可作为 RC 一阶电路零输入响应、零状态响应和完全响应的激励源？

(2) 已知 RC 一阶电路 $R=10\,\text{k}\Omega$，$C=0.12\,\mu\text{F}$，试计算时间常数 τ，并根据 τ 的物理意义拟定测量 τ 的方案。

（3）什么是积分电路和微分电路？它们必须具备什么条件？它们在方波序列脉冲的激励下，其输出信号波形的变化规律如何？这两种电路有何作用？

五、实验内容

实验电路板的元器件组件如图1-9-3所示。请认清R、C元件的布局及其标称值，各开关的通断位置等。

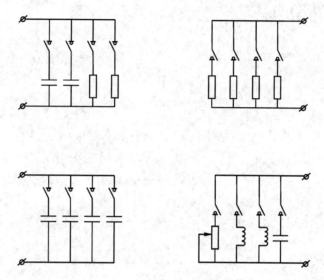

图1-9-3　实验电路板的元器件组件

（1）从电路板上选$R=10\,k\Omega$，$C=6800\,pF$组成如图1-9-2(b)所示的积分电路。u_i为脉冲信号发生器（$U_m=3\,V$，$f=1\,kHz$）的方波电压信号，并通过两根同轴电缆线将激励源U_i和响应U_C的信号分别连至示波器的两个输入口Y_A和Y_B。这时可在示波器的屏幕上观察到激励与响应的变化规律，请测算出时间常数τ，并用方格纸按1:1的比例描绘波形。少量地改变电容值或电阻值，定性地观察对响应的影响，记录观察到的现象。

（2）令$R=10\,k\Omega$，$C=0.1\,\mu F$，观察并描绘响应的波形，继续增大C的值，定性地观察其对响应的影响。

（3）令$R=100\,\Omega$，$C=0.01\,\mu F$，组成如1-9-2(a)所示的微分电路。在同样的方波激励信号（$U_m=3\,V$，$f=1\,kHz$）作用下，观测并描绘响应的波形。

增、减R的值，定性地观察对响应的影响，并做记录。当R增至∞时，输入/输出波形有何本质上的区别？

六、实验注意事项

（1）在调节电子仪器各旋钮时，动作不要过快、过猛。实验前，需熟读双踪示波器的使用说明书。在观察双踪时示波器时，要特别注意相应开关、旋钮的操作与调节。

（2）信号源的接地端与示波器的接地端相连在一起（称为共地）。

（3）示波器的辉度不应过亮，尤其是当光点长期停留在荧光屏上不动时，应将辉度调暗，以延长示波管的使用寿命。

七、实验报告要求

（1）根据实验观测结果，在方格纸上绘出 RC 一阶电路充放电时 U_c 的变化曲线，由该曲线测得 τ 值，并与参数值的计算结果作比较，分析误差原因。

（2）根据实验观测结果，归纳、总结积分电路和微分电路的形成条件，阐明波形变换的特征。

（3）总结心得体会及其他。

第二部分

模拟电子技术实验

实验一　常用电子仪器的使用

一、实验目的

(1) 通过实验掌握常用电子仪器的操作和使用。

(2) 初步掌握使用示波器测量正弦交流信号(简称正弦信号)的

常用电子仪器的使用

相关参数。

(3) 了解函数信号发生器的输出频率范围、幅度范围、面板各旋钮的作用及使用方法。

二、实验仪器

实验仪器,即 SDS1102 型双踪示波器、YB3020 型函数信号发生器如图 2-1-1 所示。

(a) SDS1102型双踪示波器　　　　　(b) YB3020型函数信号发生器

图 2-1-1　实验仪器

三、实验内容

(1) 示波器、函数信号发生器各旋钮和按键的认识和操作。

(2) 给示波器的 CH1 通道输入一个 1 kHz、峰-峰值为 0.5 V 的正弦信号。利用垂直控制区和水平控制区对示波器进行调整,使显示屏内有包含 1~2 个完整周期并且无失真的波形,幅度占屏幕的 2/3 左右。

(3) 画出该波形,并记录该波形的峰-峰值(幅值)、有效值、周期及频率。

(4) 给示波器的 CH2 通道输入一个 10 kHz,峰-峰值为 1 V 的正弦交流信号,重复步骤(2)、(3)。

四、实验数据处理

(1) 将函数信号发生器在输入不同幅值时示波器的读数填入表 2-1-1。

表 2-1-1　示波器的读数　　　　　　　　　　（单位：V）

U_{P-P}/V	2.0	3.0	4.0	5.0
U_{P-P}/V				

（2）给示波器的 CH1 通道输入一个 1 kHz、峰-峰值为 0.5 V 的正弦交流信号，在图 2-1-2 中画出波形并标出 U_{P-P}、f、T、U_{rms}。

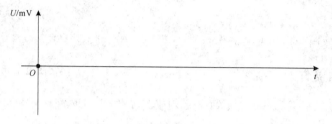

图 2-1-2　示波器的波形 I

（3）给示波器的 CH2 通道输入一个 10 kHz、峰-峰值为 0.1 V 的正弦交流信号，在图 2-1-3 中画出波形并标出 U_{P-P}、f、T、U_{rms}。

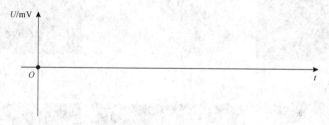

图 2-1-3　示波器的波形 II

五、实验注意事项

（1）使用仪器前，必须阅读各仪器的使用说明书，严格遵守操作规程。

（2）在拨动面板各旋钮时，用力要适当，不可过猛，以免造成机械损坏。

（3）尽量减小外界因素的干扰，使测量更加精确。

（4）在调节图形时，使显示屏出现包含 1~2 个周期的完整波形，减少个人误差。

（4）要等波形稳定后记录数据。

（6）完成所有实验内容后，要关闭各仪器电源，注意将实验桌面清理整齐、干净。

六、实验报告要求

（1）整理实验数据，填入自拟的表格中。

（2）画出用数字示波器测量的波形图。

实验二　常用电子元器件的识别及检测

一、实验目的

正确认识并使用常用的电子元器件。

二、实验元器件及仪器

电阻、电容、二极管、三极管、数字万用表的实物图，即实验元器件及仪表实物图如图
2-2-1所示。

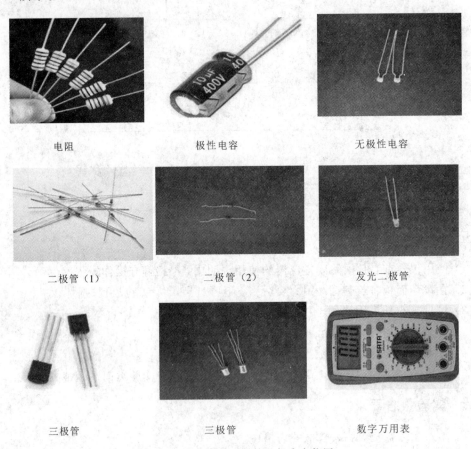

图 2-2-1　实验元器件及仪表实物图

三、常用元器件的基本知识

在选购电阻时，需要提供的参数有三个：电阻的阻值、电阻的功率和电阻的种类。

1. 电阻的阻值

在选择电阻时，阻值不可任意选定。例如，标称值为 122 Ω 的电阻就不存在。原因是大部分电路中并不要求精确的电阻值，但是为了便于工业上的批量生产和方便使用者在一定范围内选用，美国电子工业联盟（EIA，Electronic Industries Alliance）规定了若干系列的阻值取值基准，其中以 E12 基准和 E24 基准最为常用。

（1）在 E12（允许误差±10%）基准中，电阻阻值为 1.0、1.2、1.3、1.5、1.8、2.2、2.7、3.3、3.9、4.7、5.6、6.8、8.2 分别乘以 10、100、1000……所得到的数值。

（2）在 E24（允许误差±5%）基准中，电阻阻值为 1.0、1.1、1.2、1.3、1.5、1.6、1.8、2.0、2.2、2.4、3.0、3.3、3.6、3.9、4.3、4.7、5.1、5.6、6.2、6.8、7.5、8.2、9.1 分别乘以 10、100、1000……所得到的数值。

阻值越精确，电阻器的价格也就越高。

2. 电阻的功率

实验中有可能烧毁电阻，原因有两个：一是电阻选择不合理，额定功率小于实际功率；二是电路突然出现故障，导致电阻上的电流激增而被烧毁。

设计电路时需要充分考虑电阻的实际功率最大能达到多少，从而选择一个额定功率比这个最大实际功率还要大的电阻。

3. 电阻的种类

按材料和结构等特征，电阻主要分为绕线电阻、非绕线电阻、敏感电阻等几种。其分述如下：

（1）绕线电阻是由电阻丝在绝缘的骨架上绕制而成的。

（2）非绕线电阻包括常用的碳膜电阻（Carbon Film Resistor）和金属膜电阻（Metal Film Resistor）。在实际应用中，如果电路没有特别说明，一般都采用金属膜电阻。

（3）敏感电阻的阻值会随着环境的某一物理参数的变化而改变。

如今，随着各种便携电子产品（如手机、数码照相机等）的普及，贴片元器件的需求直线增长。电子产品中往往使用贴片式电子元件来节省电路板空间。常用的贴片元器件有贴片电阻、贴片电容、贴片晶体管、贴片集成电路等。

4. 二极管的命名方法

《GB249—2017 半导体分立器件型号命名方法》技术标准规定，国产二极管的型号由五部分组成，具体含义如图 2-2-2 所示。其中，第二部分的极性是针对载流子而言的：如果材料以电子载流子导电为主，就叫作 N 型；如果以空穴载流子导电为主，就叫作 P 型。常见的国产整流二极管型号为 2CP××（普通硅二极管）和 2CZ××（高低频硅整流二极管）。

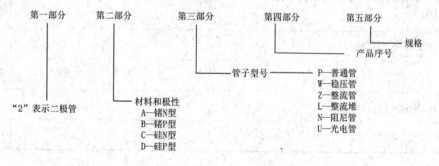

图 2-2-2　二极管命名组成部分

进口二极管采用 1N4×××方式标识二极管,其中 1N 的意义为 1 个 PN 结。例如,1N4001 是一款普通整流二极管,此管的反向电压为 50 V,正向电流为 1 A,正向压降小于 1.1 V;1N4148 是一款高速开关管,正向最大工作电流为 74 mA,正向压降为 0.7 V,反向峰值耐压为 100 V。

5. 三极管的命名方法

国产三极管的命名方法与二极管类似,也由五部分组成,只是各部分代表的含义不同。第一部分的 3 表示三极管。三极管的命名方法如图 2-2-3 所示。

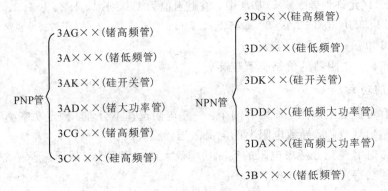

图 2-2-3　三极管的命名方法

在电路应用过程中,多采用国外元件厂家生产的 90××系列小功率三极管以及 8550、8050 型号的三极管,这些三极管基本涵盖了小功率三极管的常用用途。常用三极管的基本参数如表 2-2-1 所示。

表 2-2-1　常用三极管的基本参数

型号	极性	集电极最大耗散功率 P_{CM}/mW	集电极最大电流 I_{CM}/mA	集电极-发射极电压 U_{CEO}/V	特征频率 f_T/MHz	适合用途
9011	NPN	400	30	30	150	通用
9012	PNP	625	500	20	—	低频功效
9013	NPN	625	500	20	—	低频功放
9014	NPN	450	100	45	150	低噪放大
9015	PNP	450	100	45	150	低噪放大
9016	NPN	400	25	30	300	高频放大
9018	NPN	400	50	30	1000	高频放大
8050	NPN	1000	1500	25	100	功率放大
8550	PNP	1000	1500	25	100	功率放大

四、常用元器件的参数及测试方法

1. 电阻

(1) 单位：Ω、$k\Omega$、$M\Omega$。

(2) 参数表示方法如下：

① 直标法，目前采用很少。

② 数字标注法。例如，$472 = 47 \times 10^2$（主要有三位，前两位代表有效数字，后一位代表有效数字后面加几个零）。

③ 色环标注法，目前用得较多。五环（精密电阻，一般为金属电阻）：色环靠电极的一侧近，一侧远，靠电极近的为第一环，1、2、3 代表有效数字，4 代表有效数字后 0 的个数，5 代表误差。各种色带所代表的意义如表 2 - 2 - 2 所示。

表 2 - 2 - 2　各种色带所代表的意义

颜色	黑	棕	红	橙	黄	绿
数字	0	1	2	3	4	5
倍率	1	10	10^2	10^3	10^4	10^5
误差		±1%	±2%			±0.5%
颜色	蓝	紫	灰	白	金	银
数字	6	7	8	9		
倍率	10^6	10^7	10^8	10^9		
误差					±5%	±10%

(3) 功率。一般来说，电阻的功率越大，体积也就越大，价格也越高。

(4) 误差。用数字万用表测电阻有误差，误差与量程的选择有关，量程与阻值越接近时误差越小。

2. 电容

(1) 单位：F、μF、nF、pF。

(2) 参数表示方法如下：

① 直标法（在电容的外表上直接标注）。电解电容都为直接标注法，极性绝对不能接反。

② 数标法（适于容量小的电容器）。例如，$102：10 \times 10^2$ pF；$224：22 \times 10^4$ pF。

(3) 工作温度：若工作温度在规定温度以上，电解电容中的电解液会蒸发，长期使用，电解液会枯干，长期使用会失效。

(4) 用数字万用表测电容：用电容插孔 cx，不用表笔；一般电容无正负极，电容两脚插在 cx 的位置随意；电解电容的正极必须插在 cx 的右边插孔（cx 右边接正极）。

3. 二极管

(1) 元件表示符号：

① 普通二极管：

② 发光二极管：

（2）在测量正向电压时：数字万用表的红表笔代表电源正极，黑表笔代表电源负极。

① 普通二极管：带白圈的一侧为负极或带点标记的一侧为负极。

② 发光二极管：较长的那一极为正极。

（3）极性判别。根据二极管的单向导电性可知，二极管在正向电压作用下，通过的电流较大；在反向电压作用下，通过的电流很小。用二极管进行整流、检波就是利用了它的单向导电性。

利用数字万用表检测二极管的材料（硅管、锗管）构成，就是通过测量它的正向导通压降来判断的。

将数字万用表拨在二极管挡上，两只表笔分别接触二极管的两个电极，若正常显示读数，则说明红表笔接的是二极管电极的正极，黑表笔接的是二极管负极。若不显示读数，则说明极性接反。若显示的读数在 0.6 V～0.8 V 之间，则为硅管；若显示的读数为 0.2 V～0.3 V，则为锗管。对于塑料封装的整流二极管，靠近色环的引线，通常白颜色为负极。

对于 1N4148 二极管可以采用直观法判别。1N4148 为玻璃封装的小功率普通二极管，其管身的一端印有黑色圆环，表明该端引脚为负极，另一端便为正极。

4. 三极管

用数字万用表来确定三极管的管型、材料的方法如下：

（1）首先用数字万用表的二极管挡来确定三极管的基极 B，方法如下：

假定三极管的某一电极为 B 极，先将数字万用表的红表笔与之接触，黑表笔分别接三极管的另外两个极，测电压值，若同时显示读数（同时不显示读数），再将数字万用表的黑表笔与 B 极接触，红表笔分别接三极管的另外两个极，测电压值，同时不显示读数（同时显示读数），则此极一定为三极管的基极。

若先同时显示读数，后同时不显示读数，则此三极管为 NPN 型；若先同时不显示读数，后同时显示读数，则此三极管为 PNP 型。

（2）再用三极管确定三极管的 C 极和 E 极。方法如下：

① 将数字万用表的表盘旋钮旋转至 hfe 挡。

② 将三极管的三个极分别插至对应管的三个孔。

③ 若数字万用表显示出电流放大倍数，则说明插的极是正确的；若不显示电流放大倍数，则说明 C 极、E 极插反。

（3）一般而言，三极管的图示如图 2-2-4 所示。

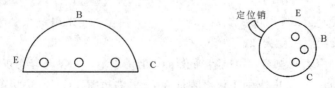

图 2-2-4　三极管的图示

五、预习要求

认真阅读有关电子元器件的基本知识、参数及测量方法，熟悉实验内容。

六、实验内容

1. 电阻的测量

取 5 个不同的色环电阻，通过色环标注法读取其电阻值，记录在表 2-2-3 中的前两列，同时，用数字万用表的电阻挡测量，将测得的结果记录在表 2-2-3 的第三列。

表 2-2-3　电阻阻值测量

次数	电阻色环颜色	电阻标称值	实测值
1			
2			
3			
4			
5			

2. 电容的测量

分别取两个无极性电容和两个电解电容，将直接读取的标称值及用数字万用表测量的实测值分别记录至表 2-2-4。

表 2-2-4　电容容值测量

次数	标 称 值	实 测 值
1		
2		
3		
4		

3. 二极管的测量

用数字万用表测量 4 个二极管，记录二极管正向导通压降并判断出所用半导体的材料（锗/硅），数据记录至表 2-2-5。

表 2-2-5　二极管材料及正向导通压降测量

次数	型号	材料（锗/硅）	正向导通压降
1			
2			
3			
4			

4. 三极管的测量

用数字万用表测量 4 个三极管，判断其材料（锗/硅）、管型（NPN/PNP），并测量其 β 值，将数据记录至表 2 - 2 - 6。

表 2 - 2 - 6　三极管材料、类型及 β 值测量

次数	型号	材料	类型	β 值
1				
2				
3				
4				

七、实验报告要求

（1）认真学习本实验中电子元器件相关知识。

（2）整理实验数据，填入相关表格中。

实验三　三极管单级共射放大电路

一、实验目的

（1）认识模电实验箱。

（2）掌握放大电路静态工作点的测试方法。

（3）掌握放大电路电压放大倍数的测试方法。

三极管单级共射放大电路

二、实验仪器及设备

本实验需使用函数信号发生器、双踪示波器、数字万用表及模电实验箱。模电实验箱如图 2-3-1 所示。

图 2-3-1　模电实验箱

模电实验箱中的元器件参数：

1R1＝51 kΩ，	1R2＝51 Ω，	1R3＝51 kΩ，	1R4＝24 kΩ，
1R5＝2 kΩ，	1R6＝5.1 kΩ，	1R7＝100 Ω，	1R8＝1.8 kΩ，
1R9＝5.1 kΩ，	1R10＝47 kΩ，	1R11＝20 kΩ，	1R12＝3 kΩ，
1R13＝1 kΩ，	1R14＝3 kΩ，	1R15＝1 kΩ，	1R16＝1.5 kΩ，
1R17＝330 Ω，	1C1＝10 μF，	1C2＝10 μF，	1C3＝10 μF，

1C4＝10 μF，	1C5＝10 nF，	1C6＝47 nF，	1C7＝220 nF，
3R1＝20 kΩ，	3R2＝20 kΩ，	3R3＝10 kΩ，	3R4＝10 kΩ，
3R5＝1 kΩ，	3R6＝2 kΩ，	3R7＝100 kΩ，	3R8＝10 kΩ，
3R9＝10 kΩ，	3R10＝10 kΩ，	3R11＝10 kΩ，	3R12＝10 kΩ，
3R13＝5.1 kΩ，	3R14＝10 kΩ，	3R15＝10 kΩ，	3R16＝10 kΩ，
3R17＝10 kΩ，	3R18＝4.7 kΩ，	3R19＝10 kΩ，	3C1＝200 nF，
3C2＝100 nF，	3C3＝100 nF，	3C4＝100 nF，	3C5＝100 nF，
3C6＝100 nF，	3C7＝10 μF，	3C8＝200 nF，	3C9＝220 nF，
3D1:1N4148，	3D2:1N4148，	3D3:6 V 稳压管	

三、实验原理

单级共射放大电路如图 2-3-2 所示，为电阻分压式单管放大器实验电路。它的偏置电路采用 R_{b1} 和 R_{b2}、R_P 组成的分压电路，并在发射极中接有电阻 R_{e1}、R_{e2}，以稳定放大器的静态工作点。当放大器的输入端加入输入信号 u_i 后，在放大器的输出端便可得到一个与 u_i 相位相反、幅值被放大了的输出信号 u_o，从而实现电压放大。

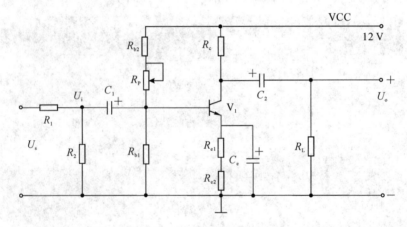

图 2-3-2　单级共射放大电路

电路中的元器件参数：

R_1＝5.1 kΩ，	R_2＝51 Ω，	R_P＝680 kΩ，	R_{b1}＝24 kΩ
R_{b2}＝51 kΩ，	R_c＝5.1 kΩ，	R_{e1}＝100 Ω，	R_{e2}＝1.8 kΩ
R_L＝5.1 kΩ，	C_1＝10 μF，	C_2＝10 μF，	C_e＝10 μF

四、预习要求

（1）根据实验电路所示参数，估算静态工作点 Q，设 $\beta=100$，$R_P=340$ kΩ，$r_{bb}'=200$ Ω。

（2）估算该电路的电压放大倍数（或称为电压增益）$\dot{A}_u$，并画出交流通路及 h 参数等效电路，记录计算结果。

（3）用 Multisim 对电路进行仿真。

（4）单级共射放大电路的 Multisim 仿真如图 2-3-3 所示。

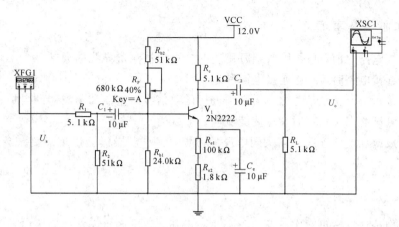

图 2 - 3 - 3　单级共射放大电路的 Multisim 仿真

五、实验内容

（1）按图 2 - 3 - 2 所示接好电路。

（2）测量静态工作点。

调整 R_P，保证 V_1 工作在放大状态，使 $U_{CE} > 1\,V$ 保证 V_1 不工作在饱和区，同时使 $U_C < 12\,V$，保证 V_1 不工作在截止区。测量此时的 U_{BE}、U_{CE}、R_P，将结果填入表 2 - 3 - 1。

表 2 - 3 - 1　静态工作点的测量值与计算值

测量值			计算值	
U_{BE}/V	U_{CE}/V	$R_P/k\Omega$	$I_B/\mu A$	I_C/mA

（3）将 $f = 1\,kHz$、峰-峰值仅为 $600\,mV$ 的正弦信号接入电路的输入端（即 U_s 端）：

① 先看示波器出现的波形是否失真。

② 若失真（截止失真或饱和失真），则调整 R_P，使其刚好消除失真；若不失真，则增大输入信号的幅度 U_{ip-p}，使输出波形出现失真，再调整 R_P，直至消除失真，再增大 U_{ip-p}，使输出波形刚刚出现失真，再调整 R_P，反复经过多次，当正弦波同时出现截止和饱和失真时，将输入信号的幅度变小，刚好不失真，此时工作点的位置最佳，示波器的输出波形为最大不失真输出电压，用示波器记录下 U_{op-p} 以及 U_{ip-p}，计算电压放大倍数 $\dot{A}_u$。

$$U_{op-p} = \underline{\qquad} \qquad U_{ip-p} = \underline{\qquad} \qquad \dot{A}_u = \underline{\qquad}$$

（3）撤掉输入信号及输出，测量最佳工作点的值，记录在表 2 - 3 - 2 中。

表 2 - 3 - 2　最佳工作点的测量值与计算值

测量值			计算值	
U_{BE}/V	U_{CE}/V	$R_P/k\Omega$	$I_B/\mu A$	I_C/mA

六、实验注意事项

（1）连接电路之前，必须用数字万用表的二极管挡测量导线的通断。

（2）在连接电路时，注意连接电源和地。

（3）在接入交流正弦信号之前，必须进行函数信号发生器和示波器的自检。

（4）在测试静态工作点时，应使交流输入电压为 0。

（5）养成改动电路连线之前关闭电源的习惯，"带电"操作会出现短路现象，可能导致元器件损坏。

七、实验报告要求

（1）对理论计算结果和实验测试结果进行分析，找出产生误差的原因。

（2）分析实验过程中出现故障或不正常现象的原因，说明解决的办法和过程。

实验四 多级放大电路

一、实验目的

(1) 进一步掌握模电实验箱的使用方法。
(2) 掌握多级放大电路性能指标的测量方法。

二、实验仪器及设备

函数信号发生器、双踪示波器、数字万用表、模电实验箱。

三、实验原理

多级放大电路如图 2 - 4 - 1 所示。

多级放大电路

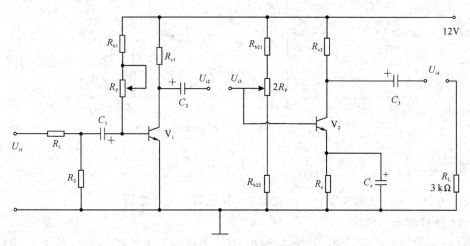

图 2 - 4 - 1 多级放大电路

电路中的元器件参数：

$R_1 = 5.1\ \text{k}\Omega$,	$R_2 = 51\ \Omega$,	$R_P = 680\ \text{k}\Omega$,	$R_{b1} = 51\ \text{k}\Omega$,
$R_{c1} = 5.1\ \text{k}\Omega$,	$R_{b21} = 47\ \text{k}\Omega$,	$2R_P = 100\ \text{k}\Omega$,	$R_{b22} = 20\ \text{k}\Omega$,
$R_{c2} = 3\ \text{k}\Omega$,	$R_e = 1\ \text{k}\Omega$,	$C_1 = 10\ \mu\text{F}$,	$C_2 = 10\ \mu\text{F}$,
$C_3 = 10\ \mu\text{F}$,	$C_e = 10\ \mu\text{F}$,	$R_L = 3\ \text{k}\Omega$	

对于两级放大电路，习惯上规定第一级是从信号源到第二个晶体管 V_2 的基极，第二级是从第二个晶体管的基极到负载，这样两级放大器的电压总增益 A_u 为

$$A_u = \frac{U_{o2}}{U_s} = \frac{U_{o2}}{U_{i1}} = \frac{U_{o2}}{U_{i2}} \cdot \frac{U_{o1}}{U_i} = A_{u1} \cdot A_{u2}$$

式中电压均为有效值，并且 $U_{o1} = U_{i2}$，由此可见，两级放大器的电压总增益是单级电压增

益的乘积，此结论可推广到多级放大器。

四、预习要求

（1）熟悉阻容耦合两级放大电路的工作原理及级间影响。

（2）根据实验所给定的电路参数，估算各级放大电路的静态工作点。设 $\beta_1 = \beta_2 = 100$。

（3）当输入信号 $f = 1\text{ kHz}$ 为的正弦波时，估算第一级电压增益 $\dot{A}_{u1}$ 和总的电压增益 $\dot{A}_u$。

（4）了解共射放大电路的特点。

（5）用 Multisim 进行仿真，将仿真结果与理论计算进行比较。

（6）多级放大电路的 Multisim 仿真如图 2 - 4 - 2 所示。

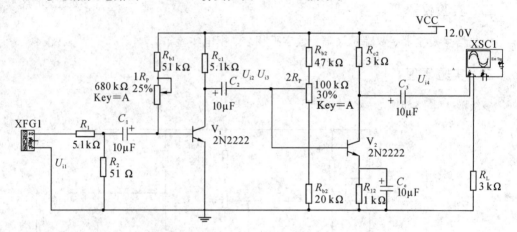

图 2 - 4 - 2　多级放大电路的 Multisim 仿真

五、实验内容

（1）按图 2 - 4 - 1 在实验箱上连接电路，注意接线尽可能短。

（2）设置静态工作点。

① 在实验箱上连接好第一级放大电路，在输入端加上频率为 1 kHz、幅度为 10 mV 的交流信号（可采用在实验箱上加衰减的办法来降低信号失真率，及信号源用一个较大的信号，如 100 mV，在实验板上经 10∶1 衰减电阻降为 10 mV），用示波器观测输出波形，若波形不失真，则增大输入信号的幅度，让其出现失真，此时调零 $1R_P$，刚好消除失真，再增大输入信号的幅度，使其出现失真，再调零 $1R_P$……如此反复直到出现双向失真，此时将输入信号的幅度变小，刚好不失真，此时作为最佳，调好之后 $1R_P$ 不要再动。

② 在实验箱上连接好第二级放大电路（C_2 的正极与 V_1 的集电极断开，与 V_2 的基极相连），信号源的大小同步骤①，用示波器观察输出波形，用①的方法将第二级放大电路的工作点调到最佳，注意此时调 $2R_P$。

③ 在两级放大电路的工作点调好以后，将 U_{i2} 与 U_{i3} 端相连，信号源从 U_{i1} 加入，用示波器观察输出波形，分别读出 U_{i4}、U_{i2}、U_{i1} 的示数。

（3）按表 2 - 4 - 1 的要求测量并计算，注意测静态工作点时应断开输入信号。

表 2 - 4 - 1　两级放大电路的参数测量

	静态工作点						输入和输出电压/mV			电压放大倍数		
	第一级			第二级						第一级	第二级	整体
	U_{c1}	U_{b1}	U_{e1}	U_{c2}	U_{b2}	U_{e2}	U_i	U_{o1}	A_{o2}	A_{u1}	A_{u2}	A_u
空载												
负载												

（4）接入负载电阻 $R_L = 3\text{ k}\Omega$，按表 2 - 4 - 1 测量并计算。

六、实验注意事项

（1）电路组装好后进行调试。各项指标的测量必须在输出波形不失真的情况下进行。

（2）如果电路工作不正常，则应先检查各级静态工作点是否合适，然后将交流输入信号一级一级地送到放大电路中，逐级追踪查找故障所在。

七、实验报告要求

（1）认真记录实验数据和波形。

（2）对测试结果进行理论分析，找出产生误差的原因，提出减少实验误差的措施。

（3）测量的结果与理论值相比较，分析误差原因。

（4）在本实验的组装、调试过程中，遇到什么困难？发现并排除了什么故障？

实验五　集成运算放大器的基本应用

一、实验目的

（1）掌握集成运算放大器的正确使用方法。

（2）掌握用集成运算放大器构成各种基本运算电路的方法。

（3）学习正确使用示波器交流输入方式观察波形的方法，重点掌握积分器输入、输出波形图测量和描绘方法。

集成运算放大器的基本应用

二、实验仪器及设备

双踪示波器、函数信号发生器、数字万用表、模电实验箱。

三、实验原理

集成运算放大器是由多级直接耦合放大电路组成的，具有高增益（一般可达 120 dB）、高输入阻抗（通常为 $10\ \text{k}\Omega \sim 10\ \text{M}\Omega$）、低输出阻抗（通常为 $70\ \Omega \sim 300\ \Omega$）的特点，并且具有体积小、功耗低，可靠性高，使用方便等优点。它外加反馈网络后，可实现各种不同的电路功能。

本实验采用 μA741 集成运算放大器和外接电阻、电容等构成基本运算电路。

1. 反相比例运算电路

反相比例运算电路如图 2-5-1 所示，设运放 μA741 为理想运放，则电路中的元器件参数为

$$R_1 = 10\ \text{k}\Omega, \qquad R_2 = 10\ \text{k}\Omega, \qquad R_F = 100\ \text{k}\Omega$$

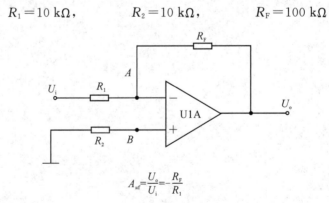

$$A_{uf} = \frac{U_o}{U_i} = -\frac{R_F}{R_1}$$

图 2-5-1　反相比例运算电路

2. 同相比例运算放大电路

根据反相比例运算电路的方法，可以自行在模电实验箱上连接同相比例运算电路，验

证相关理论。

3. 积分运算电路

积分电路是模拟计算机中的基本单元，利用它可以实现对微分方程的模拟，同时它也是控制和测量系统中的重要单元。利用它的充、放电过程，可以实现延时、定时以及产生各种波形。

图 2-5-2 所示的积分电路，它和反相比例放大器的不同之处是用 C 代替反馈电阻 R_F，当运放被看成是理想运放时，可认为 $I_R = I_C$，其中

$$I_R = \frac{U_i}{R_1}$$

$$I_C = -C \frac{dU_o(t)}{dt}$$

将 I_R、I_C 代入，并设电容两端初始电压为零，则

$$U_o(t) = -\frac{1}{R_1 C} \int_0^t U_i(t) \, dt$$

当输入信号 $u_i(t)$ 为幅度 U_1 的直流电压时，有

$$U_o(t) = -\frac{1}{R_1 C} \int_0^t U_1 \cdot dt = -\frac{1}{R_1 C} \cdot U_1 t$$

此时输出电压 $U_o(t)$ 的波形是随时间线性下降的，如图 2-5-2(a)所示。当输入信号为方波时，输出电压的 $U_o(t)$ 波形如图 2-5-2(b)所示。图 2-5-2(c)所示的是实用的积分电路。在实际电路中，通常在积分电容 C 的两端并联一个电阻 R_F，R_F 是积分漂移泄放电阻，用以防止积分漂移所造成的饱和或截止现象。但要注意在引入 R_F 后，由于它对积分电容的分流作用，将产生新的积分误差，为了减少误差，常取 $R_F > 10R$。积分运算电路如图 2-5-2 所示。

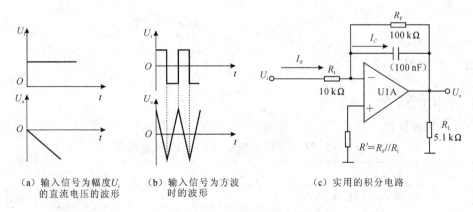

（a）输入信号为幅度U_i
　　的直流电压的波形

（b）输入信号为方波
　　时的波形

（c）实用的积分电路

图 2-5-2　积分运算电路

四、预习要求

（1）复习由运算放大器组成的反相比例、同相比例、反相加法、减法、积分运算电路的工作原理。

（2）写出上述运算电路的关系表达式。

（3）实验前计算好实验内容中的有关理论值，以便与实验测量结果做比较。

（4）用 Multisim 进行仿真，将仿真结果与理论和计算进行比较。

（5）反相比例运算电路的 Multisim 仿真、积分运算电路的 Multisim 仿真分别如图 2－5－3、图 2－5－4 所示。

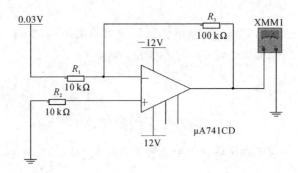

图 2－5－3　反相比例运算电路的 Multisim 仿真

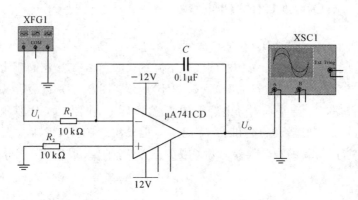

图 2－5－4　积分运算电路的 Multisim 仿真

五、实验内容

1. 反相比例运算

设计并安装反相比例运算电路，按表 2－5－1 的要求测量并记录数据。

表 2－5－1　反相比例运算电路的测量结果

交流输入电压 U_i/mV		30	100	300	1000	2000
输出电压	理论估算值/mV					
	实测值/mV					
	误差					

需要注意的是，以上交流输入电压值只是参考值，可根据实验仪器灵活调整。

2. 比例积分运算

（1）连接如图 2－5－2(c) 所示的电路。

（2）U_i分别输入 1 kHz、幅值为 2 V 的方波和正弦波信号，观察 U_i 和 U_o 大小及相位关系，在下方记录波形。

① 输入方波时，输入电压及输出电压的波形图如图 2-5-5 所示。

图 2-5-5　输入方波时的输入电压及输出电压的波形图

② 输入正弦波时，输入电压及输出电压的波形图如图 2-5-6 所示。

图 2-5-6　输入正弦波时的输入电压及输出电压的波形图

六、实验注意事项

在连接电路时，要为集成运放提供电源。

七、实验报告要求

（1）总结本实验运算电路的特点及性能。

（2）分析理论并计算与实验结果误差的原因。

实验六　负反馈对放大电路性能的影响

一、实验目的

(1) 掌握负反馈对放大器放大倍数的影响。

(2) 了解负反馈对放大器非线性失真的改善。

负反馈对放大电路性能的影响

二、实验仪器及设备

函数信号发生器、双踪示波器、数字万用表、模电实验箱。

三、实验原理

放大器中采用负反馈，在降低放大倍数的同时，可使放大器的某些性能大大改善，负反馈的类型很多，本实验以一个输出电压、输入串联负反馈的两级放大电路为例，负反馈放大电路如图 2-6-1 所示。C_F、R_F 从第二级晶体管的集电极接到第一级晶体管的发射极构成负反馈。

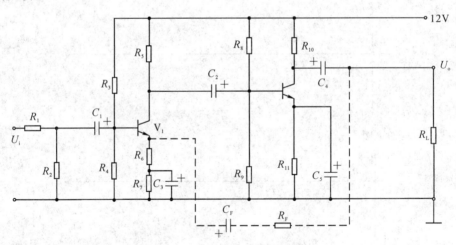

图 2-6-1　负反馈放大电路

电路中的元器件参数：

$R_1=5.1\ k\Omega$,	$R_2=51\ \Omega$,	$R_3=51\ k\Omega$,	$R_4=24\ k\Omega$
$R_5=5.1\ k\Omega$,	$R_6=100\ \Omega$,	$R_7=1.8\ k\Omega$,	$R_8=47\ k\Omega$
$R_9=20\ k\Omega$,	$R_{10}=3\ k\Omega$,	$R_{11}=1\ k\Omega$,	$R_L=1.5\ k\Omega$
$R_F=3\ k\Omega$,	$C_1=10\ \mu F$,	$C_2=10\ \mu F$,	$C_3=10\ \mu F$
$C_4=10\ \mu F$,	$C_5=10\ \mu F$,	$C_F=10\ \mu F$	

四、预习要求

（1）复习负反馈相关内容，熟悉负反馈对放大电路性能的影响。

（2）判断图 2-6-1 引入的反馈类型。

（3）用 Multisim 进行仿真，将仿真结果与理论和计算进行比较。

（4）负反馈放大电路的 Multisim 仿真如图 2-6-2 所示。

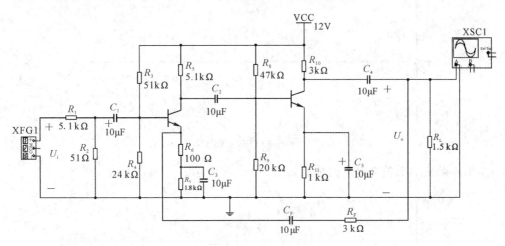

图 2-6-2　负反馈放大电路的 Multisim 仿真

五、实验内容

1. 开环电路

（1）按图 2-6-1 连线，此时不接入 R_F、C_F。

（2）输入端接入 $U_i=1\,\text{mV}$，$f=1\,\text{kHz}$ 的正弦波（注意输入 1 mV 信号采用衰减法，见本部分实验三）。调整接线和参数使信号输出不失真且无振荡。

（3）按表 2-6-1 要求进行测量并填表。

2. 闭环电路

（1）接通 R_F 按要求调整电路。

（2）按表 2-6-1 要求测量并填表，计算 A_{uf}。

（3）根据实测结果，验证 $A_{uf}\approx 1/F$。负反馈放大电路测试如表 2-6-1 所示。

表 2-6-1　负反馈放大电路测试

	R_L/Ω	U_i/mV	U_o/mV	$A_u(A_{uf})$
开环	∞	1		
	1500	1		
闭环	∞	1		
	1500	1		

3. 观测负反馈对非线性失真的改善

（1）将图 2-6-2 所示电路开环，逐步加大 U_i 的幅度，使输出信号出现失真（注意不要过分失真），记录失真波形、幅度。

（2）将图 2-6-2 所示电路闭环，观察输出情况，并适当增加 U_i 的幅度，使输出幅度接近开环时的失真波形幅度。

（3）在下方画出上述各部分实验的波形图。

① 开环系统中出现失真时的波形如图 2-6-3 所示。

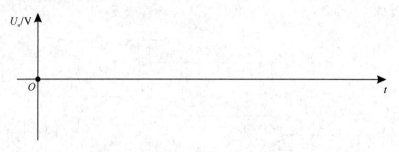

图 2-6-3　开环系统中出现失真时的波形

② 闭环系统中出现失真时的波形如图 2-6-4 所示。

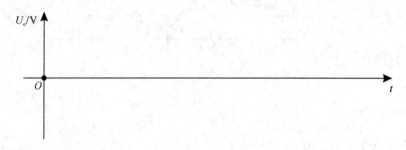

图 2-6-4　闭环系统中出现失真时的波形

六、实验注意事项

在测量两级静态工作点时，必须保证放大器的输出电压波形不失真。

七、实验报告要求

（1）认真整理实验数据和波形，填入表 2-6-1 中。

（2）分析实验结果，总结负反馈对放大器性能的影响。

实验七　波形发生电路

一、实验目的

波形发生电路

(1) 了解集成运算放大器在振荡电路方面的应用。
(2) 掌握波形发生电路的特点和分析方法。
(3) 掌握桥式 RC 正弦波振荡器的电路构成及工作原理。
(4) 熟悉正弦波振荡器的调试、测试方法。
(5) 观察 RC 参数对振荡频率的影响、学习振荡频率的测定方法。

二、实验仪器及设备

双踪示波器、数字万用表、函数信号发生器、模电实验箱。

三、实验原理及参考电路

在自动化设备和系统中，经常需要进行性能的测试和信息的传送，这些都离不开波形作为测试和传送的依据。在模拟系统中，常用的波形有正弦波、方波、锯齿波等。

当集成运放应用于上述不同类型的波形时，其工作状态并不相同。本实验研究的方波、三角波、锯齿波电路，本质上是脉冲电路，它们大多工作在非线性区域。在脉冲和数字系统中常作为信号源。

1. 方波发生电路

方波发生电路如图 2-7-1 所示。电路由集成运放与 R_1、R_2 及一个滞回比较器和一个充放电回路组成。稳压管和 R_3 的作用是钳位，将滞回比较器的输出电压限制在稳压管的稳定电压值 $\pm U_o$。

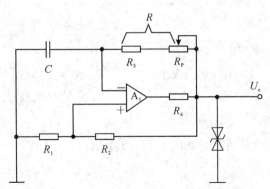

图 2-7-1　方波发生电路

我们知道滞回比较器的输出只有两种可能的状态：高电平和低电平。滞回比较器的两种不同的输出电平使 RC 电路进行充电和放电，于是电容上的电压将升高或降低，而电容上的电压又作为滞回比较器的输入电压，控制器输出端状态发生跳变，从而使 RC 电路由充电过程变为放电过程或相反。如此循环往复，周而复始，最后在滞回比较器的输出端即可得到一个高低电平周期性交替的矩形波，即方波。方波的 T 可表示为

$$T = 2RC \ln\left(1 + \frac{2R_1}{R_2}\right)$$

电路图中的元器件参数：

$R_1 = 10\ \text{k}\Omega$，　　　　　$R_2 = 10\ \text{k}\Omega$，　　　　　$R_3 = 10\ \text{k}\Omega$，　　　　　$R_4 = 5.1\ \text{k}\Omega$，
$R_P = 100\ \text{k}\Omega$，　　　　　$C = 0.1\ \mu\text{F}$，　　　　　6 V 双向稳压二极管

2. 三角波发生电路

三角波发生电路如图 2-7-2 所示。该电路由集成运放 A_1 组成滞回比较器，A_2 组成积分电路，滞回比较器输出的矩形波加在积分电路的反相输入端，而积分电路输出的三角波又接到滞回比较器的同相输入端，控制滞回比较器输出端的状态发生跳变，从而在 A_2 的输出端得到周期性的三角波。调节 R_1、R_2 可使幅度达到规定值，从而调节 R_4 可使振荡满足要求。三角波的 T 可表示为

$$T = \frac{4\,R_1 R_4 C}{R_2}$$

三角波发生电路如图 2-7-2 所示。

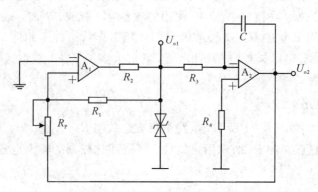

图 2-7-2　三角波发生电路

电路中的元器件参数：

$R_1 = 10\ \text{k}\Omega$，　　　　　$R_2 = 5.1\ \text{k}\Omega$，　　　　　$R_3 = 10\ \text{k}\Omega$，　　　　　$R_4 = 10\ \text{k}\Omega$，
$C = 0.22\mu\text{F}$，　　　　　$R_P = 22\ \text{k}\Omega$，　　　　　6 V 双向稳压二极管

3. 正弦波发生电路

文氏振荡电桥简化的反馈电路如图 2-7-3 所示。

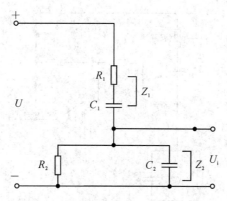

图 2-7-3 文氏振荡电桥简化的反馈电路

其频率特性表达式为

$$\dot{F}=\frac{\dot{U}_F}{U}=\frac{Z_2}{Z_1+Z_2}=\frac{\dfrac{R_2}{1+j\omega R_2 C_2}}{R_1+\dfrac{1}{j\omega C_1}+\dfrac{R_2}{1+j\omega R_2 C_2}}=\frac{1}{\left(1+\dfrac{R_1}{R_2}+\dfrac{C_2}{C_1}\right)+j\left(\omega C_2 R_1-\dfrac{1}{\omega C_1 R_2}\right)}$$

为了调节振荡频率的方便，通常使 $R_1=R_2=R$，$C_1=C_2=C$，令 $\omega_0=1/R$，则上式可简化为

$$\dot{F}=\frac{1}{3+j\left(\dfrac{\omega}{\omega_0}-\dfrac{\omega_0}{\omega}\right)}$$

其幅度特性为

$$|\dot{F}|=\frac{1}{\sqrt{3^2+\left(\dfrac{\omega}{\omega_0}-\dfrac{\omega_0}{\omega}\right)^2}}$$

相频特性为

$$\varphi_F=-\arctan\left[\frac{\left(\dfrac{\omega}{\omega_0}-\dfrac{\omega_0}{\omega}\right)}{3}\right]$$

当 $\omega=\omega_0=\dfrac{1}{RC}$ 时，$|\dot{F}|_{max}=\dfrac{1}{3}$，$\varphi\cdot F=0$，也就是说，当 $f=f_0=\dfrac{1}{2\pi RC}$ 时，$\dot{U}_F$ 的幅值达到最大，等于 $\dot{U}$ 幅值的 1/3，同时 $\dot{U}_F$ 和 $\dot{U}$ 同相。其起振条件为：必须使 $|\dot{A}\cdot\dot{F}|>1$，因此文氏振荡电路的起振条件为 $\left|\dot{A}\cdot\dfrac{1}{3}\right|>1$，即 $|\dot{A}|>3$。

因同相比例运算电路的电压放大倍数 $A_{uf}=1+R_F/R_i$，因此实际振荡电路中负反馈支路的参数应满足以下关系：

$$R_F>2R'$$

其中，$R'=RR_F=2R_P$。

正弦波发生电路如图 2-7-4 所示。

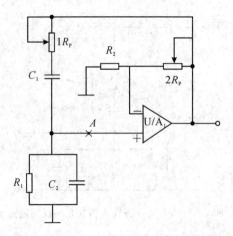

图 2-7-4　正弦波发生电路

电路中的元器件参数：

$R_1=10\text{ k}\Omega$，　　　　$R_2=2\text{ k}\Omega$，　　　　$1R_P=100\text{ k}\Omega$，　　　　$2R_P=22\text{ k}\Omega$，

$C_1=0.1\text{ }\mu\text{F}$，　　　　$C_2=0.1\text{ }\mu\text{F}$，　　　　A_1：μA741 集成运算放大器

四、预习要求

(1) 分析图 2-7-1 所示电路的工作原理，定性画出 U_o 和 U_c 波形。

(2) 若图 2-7-1 所示电路 $R=10\text{ k}\Omega$，计算 U_o 的频率。

(3) 在图 2-7-2 所示电路中，如何改变输出频率？

(4) 复习 RC 桥式振荡器的工作原理。

(5) 在图 2-7-1 所示电路中试修改电路图以改变输出频率。

(6) 在图 2-7-2 所示电路中试连续改变振荡频率。

(7) 方波发生电路的 Multisim 仿真、三角波发生电路的 Multisim 仿真、RC 正弦波振荡器的 Multisim 仿真分别如图 2-7-5～图 2-7-7 所示。

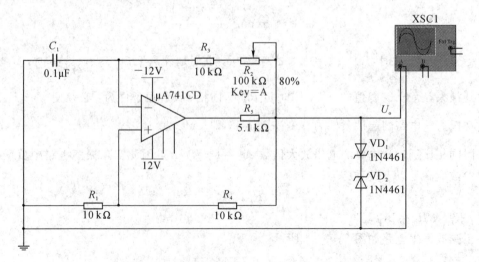

图 2-7-5　方波发生电路电路的 Multisim 仿真

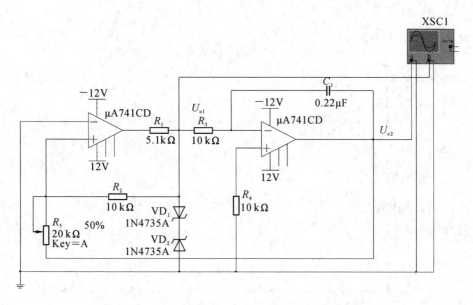

图 2 - 7 - 6　三角波发生电路电路的 Multisim 仿真

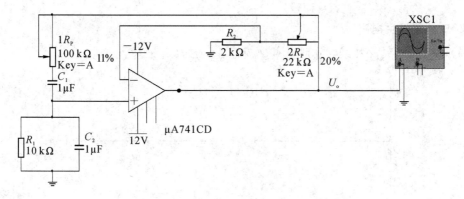

图 2 - 7 - 7　RC 正弦波振荡器的 Multisim 仿真

五、实验内容

1. 方波发生电路

(1) 按图 2 - 7 - 1 接线，观察 U_o 波形及频率，与 Multisim 仿真结果相比较。

(2) 分别测出当 $R = 10\ \text{k}\Omega$、$110\ \text{k}\Omega$ 时的频率和输出幅值，与 Multisim 仿真结果相

比较。

当 $R=10\ \text{k}\Omega$ 时：

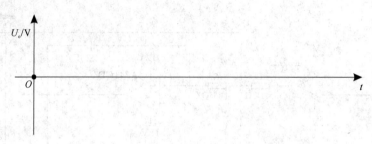

当 $R=110\ \text{k}\Omega$ 时：

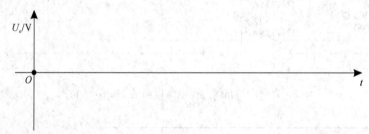

2. 三角波发生电路

（1）按图 2-7-2 接线，分别观测 U_{o1} 和 U_{o2} 的波形并记录。

（2）如何改变波形输出频率？按预习方案分别实验。

3. 正弦波发生电路

（1）按图 2-7-4 接线，注意电阻 $1R_{p}=R_{1}$ 需预先调好再接入。

（2）用示波器观察输出波形。

(3) 改变振荡频率，在实验箱上设法使文氏桥电阻 $R=10\ \text{k}\Omega+10\ \text{k}\Omega$，先将 $1R_\text{P}$ 调到 $30\ \text{k}\Omega$，然后在 R_1 与地端串入一个 $20\ \text{k}\Omega$ 的电阻即可。

需要注意的是，在改变参数前，必须先断开实验箱开关，检查无误后再接通电源。测振荡频率之前，应适当调节 $2R_\text{P}$ 使 U_o 无明显失真后，再测频率。

六、实验注意事项

(1) 在安装电路时，注意二极管的极性和放大器的同相、反相端。

(2) 在调整电路时，应反复调电位器 R_P，使其起振，并且波形最大不失真。

(3) 在进行 Multisim 仿真时，应该给 μA741 芯片的第四引脚加 $-12\ \text{V}$ 电压、第七引脚加 $12\ \text{V}$ 电压。

七、实验报告要求

(1) 画出各实验的波形图。

(2) 在正弦波振荡电路中，其中哪些参数与振荡频率有关？将振荡频率的实测组与理论组进行比较，分析产生误差的原因。

实验八　集成稳压器

一、实验目的

集成稳压器

(1) 了解集成稳压器的特性和使用方法。
(2) 掌握直流稳压电源主要参数的调试方法。

二、实验仪器及设备

数字万用表、双踪示波器、模电实验箱。

三、实验原理

　　随着半导体工艺的发展，稳压电路也制成了集成元器件。由于集成稳压器具有体积小、外接电路简单、使用方便、工作可靠和良好的通用性等优点，因此在各种电子设备中应用十分普遍，基本上取代了有分立元件构成的稳压电路。集成稳压管的种类很多，应根据设备对直流电源的要求来进行选择。对于大多数电子仪器、设备、电子电路来说，通常是选用串联线性集成稳压器。而在这种类型的元器件中，又以三端稳压器应用最为广泛。

　　78、79 系列三端稳压器的输出电压是定的，在应用中不能进行调整。78 系列三端稳压器输出正极性电压，一般有 5 V、6 V、9 V、12 V、15 V、18 V、24 V 这 7 挡，输出电流最大可达 1.5A(加散热片)。同类型的 78M 系列三端稳压器的输出电流为 0.5A，78L 系列三端稳压器的输出电流为 0.1A。若要求负极性输出电压，则可选用 79 系列三端稳压器。

　　图 2-8-1 为 78 系列三端稳压器中 7805 的接线图。它有 3 个引出端：

　　(1) 输入端(不稳定电压输入端)：标以"1"。

　　(2) 输出端(稳定电压输出端)：标以"3"。

　　(3) 公共端：标以"2"。

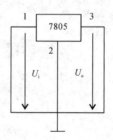

图 2-8-1　7805 的接线图

　　本实验所用的集成稳压器为三端固定式集成稳压器 7805，它的主要参数有：输出直流电压 $U_o = 5$ V，输出电流 78L 系列为 0.1 A、78M 系列为 0.5 A，电压调整率为 100 mV/V，输出电阻 $R_o = 0.15$ Ω，输出电压 U_i 的范围是 8 V～10 V。因此 U_i 一般要比 U_o 大 3 V～5 V，才能保证集成稳压器工作在线性区。

图 2-8-2 是用三端固定式集成稳压器 7805 构成的单电源电压输出串联型稳压电路图。其中，整流部分采取了由 4 个二极管组成的桥式整流器。滤波电容 C_1、C_2 一般选取几百至几千微法。当稳压器距离整流滤波电路比较远时，在输入端必须接入电容 C_3（数值为 $0.33\ \mu F$）用以滤除输出端的高频信号，改善电路的暂态响应。由 7805 构成的单电源电压输出串联型稳压电路如图 2-8-2 所示。

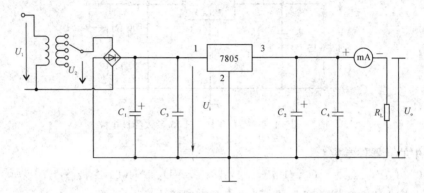

图 2-8-2 由 7805 构成的单电源电压输出串联型稳压电路

电路中的元器件参数：

$C_1 = 100\ \mu F$, $C_2 = 100\ \mu F$, $C_3 = 0.33\ \mu F$, $C_4 = 0.1\ \mu F$,

$R_L = 120\ \Omega$,   稳压器：三端固定式集成稳压器 7805

四、预习要求

(1) 复习教材直流稳压电源部分关于电源的主要参数及测试方法。

(2) 查阅手册，了解本实验使用稳压器的技术参数。

(3) 拟定实验步骤及记录表格。

(4) 在 Multisim 中按照图 2-8-2 进行连线，观察稳定输出电压。

(5) 三端稳压器参数测试电路的 Multisim 仿真如图 2-8-3 所示。

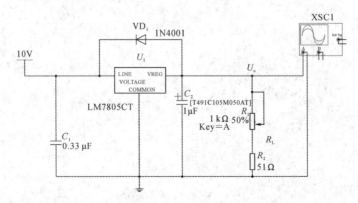

图 2-8-3 三端稳压器参数测试电路的 Multisim 仿真

五、实验内容

三端稳压器 78L05 参数测试电路如图 2-8-4 所示。

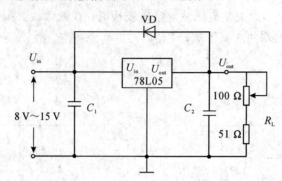

图 2-8-4　三端稳压器 78L05 参数测试电路

电路中的元器件参数：

$C_1 = 0.33\ \mu\text{F}$,　　　　　$C_2 = 1\ \mu\text{F}$,　　　　　VD：1N4001 二极管

R_L：上接入 100 Ω 滑动变阻器，下以串联方式接入 51 Ω 电阻。

按图 2-8-4 连好电路，测试稳定输出电路。

六、实验注意事项

设计稳压器时加装散热片，以保证安全。

第三部分

数字电子技术实验

实验一　集成逻辑门电路

一、实验目的

(1) 熟悉常用 CMOS/TTL 门电路的电压传输特性的测试。

(2) 掌握 CMOS/TTL 门电路的使用规则。

(3) 熟悉数字电路实验箱的使用。

集成逻辑门电路

二、实验设备及元器件

(1) 数字万用表。

(2) 74HC00(74LS00)。

(3) 数字电路实验箱。

数字电路实验箱如图 3-1-1 所示。

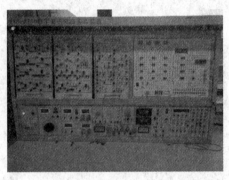

（a）数字电路实验箱的全部模块　　　　　（b）数字电路实验箱中主要使用的模块

图 3-1-1　数字电路实验箱

三、实验原理与参考电路

(1) 74HC00(74LS00)中包含 4 个相互独立的两输入与非门（正逻辑）。74HC00 (74LS00)的引脚排列图如图 3-1-2 所示。

(2) 与非门的逻辑功能是：当输入端中有一个或一个以上是低电压时，输出端为高电平；只有当输入端全部为高电压时，输出端才是低电平（即有 0 得 1，全 1 得 0）。门的输出电压 U_o 随输入电压 U_i 变化的曲线称为门的电压传输特性，旋转滑动变阻器，改变输入电压 U_i 测得输出电压 U_o，采用逐点描绘法，画出 U_o 随 U_i 变化的曲线。74HC00(74LS00)的电压传输特性测试图如图 3-1-3 所示。

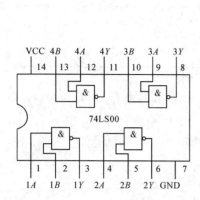 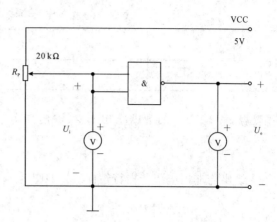

图 3-1-2 74HC00(74LS00)的引脚排列图　　图 3-1-3 74HC00(74LS00)的电压传输特性测试图

（3）CMOS/TTL 与非门逻辑功能测试。选择测试电气特性的与非门，按图 3-1-4 建立电路，测试输出端 Y 相应的逻辑状态。与非门逻辑功能测试如图 3-1-4 所示。

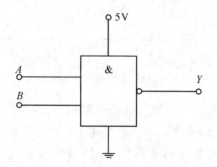

图 3-1-4 与非门逻辑功能测试

四、预习要求

（1）了解 CMOS/TTL 逻辑门的主要参数。

（2）熟悉各测试电路，了解测试原理及测试方法。

（3）上网查找并阅读 74HC00(74LS00)的数据手册，熟悉其应用。

五、实验内容与步骤

（1）74HC00(74LS00)的电压传输特性测试：

① 按图 3-1-3 接好电路。

② 调节 R_P，改变输入电压 U_i，让其在 0.1 V～4 V 范围内变化，逐点测试对应的输出电压 U_o，测试结果记入表 3-1-1。电压传输特性测试数据如表 3-1-1 所示。

表 3 - 1 - 1　　电压传输特性测试数据

U_i/V	0.1	0.4	0.8	0.9	1.0	1.1	1.2	1.5	2.0	2.4	3.0	4.0
U_o/V												

以表 3 - 1 - 1 中的数据求出 U_{oH}（输出高电平）、U_{oL}（输出低电平）及转折电压（大概 $\frac{1}{2} \times 5$ V 左右）。

③ 绘出与非门电压传输特性曲线，如图 3 - 1 - 5 所示。

图 3 - 1 - 5　与非门电压传输特性曲线

（2）按图 3 - 1 - 4 搭建电路，测试与非门的逻辑功能，门的输入端接逻辑电平开关输出插口，以提供高（H）、低（L）电平信号，开关向上，输出为高电平，向下为低电平。门的输出端接由 LED 发光二极管组成的逻辑电平显示器（又称为 0 - 1 指示器）的显示插口，LED 亮为高电平，不亮为低电平，将结果填至 CMOS 逻辑功能测试表 3 - 1 - 2 中。若高电平用"逻辑 1"表示，低电平用"逻辑 0"表示，将相应结果填入 CMOS 逻辑功能测试表 3 - 1 - 3 中。

需要注意的是，这里的高、低电平应配合数字万用表使用，测量输出的高、低电平是否在 74HC 系列的电压范围以内。

表 3 - 1 - 2　CMOS 逻辑功能测试 Ⅰ

输入端		输出端
A	B	Y
L	L	
L	H	
H	L	
H	H	

表 3 - 1 - 3　CMOS 逻辑功能测试 Ⅱ

输入端		输出端
A	B	Y
0	0	
0	1	
1	0	
1	1	

更需要注意的是，数字信号的高电平和低电平表示的都是一定的电压范围，而不是一个固定不变的数值，在实际工作时，只要能确切区分高低电平就够了。对于 74HC 系列，

$U_{\text{iH min}} = 3.5 \text{ V}$、$U_{\text{iL max}} = 1 \text{ V}$、$U_{\text{oH min}} = 4.4 \text{ V}$、$U_{\text{oL max}} = 0.1 \text{ V}$。

六、实验注意事项

(1) 逻辑门的输出端不允许直接接电源电压或地，也不能并联使用。

(2) 如果 CMOS 电路的某个输入端没有使用，则不能悬空，应按逻辑功能的要求接 U_{DD} 或 U_{SS}，以防引入干扰。

实验二　集成门电路的应用

一、实验目的

集成门电路的应用

(1) 进一步熟练掌握集成与非门的逻辑功能测试方法。

(2) 掌握用集成门电路实现逻辑函数的方法。

(3) 掌握逻辑函数形式的变换。

二、实验设备及元器件

数字电路实验箱、数字万用表、74HC00(74LS00)、74HC20(74LS20)。

三、实验原理

(1) 芯片介绍。本实验采用双四输入与非门 74HC20(74LS20)，在一块集成块内含有两个相互独立的与非门，每个与非门有 4 个输入端，74HC20(74LS20) 的引脚排列图如图 3-2-1 所示。

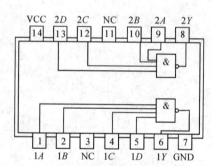

图 3-2-1　74HC20(74LS20)引脚排列图

与非门的逻辑功能是：当输入端中有 1 个或 1 个以上是低电平时，输出端为高电平；只有当输入端全部为高电平时，输出端才是低电平(即有 0 得 1，全 1 得 0)。74LS00(74HC00) 的引脚排列图见图 3-1-2。

(2) 用与非门 74HC00(74LS00) 组成与门。与非门的布尔代数表达式为 $Y=(AB)'$，而与门的布尔代数表达式为 $Z=AB$，只要把与非门的输出 Y 反相一次，即可得到与门的功能：$AB=Z=Y'=((AB)')'$，因此只要用 2 个与非门即可实现与门的功能。

(3) 用与非门 74HC00(74LS00) 组成或门。或门的布尔代数表达式为：$Y=A+B$，根据摩根定律可知 $Y=((A+B)')'=((A'B')')'$，因此可以用 3 个与非连接起来，即可实现或门的功能。

(4) 用 74HC20(74LS20)、74HC00(74LS00) 实现逻辑函数式 $Y=AB+A'C+AC'$。

利用德·摩根定律，将要实现的与或逻辑式两次取非，外层的非号保持不变，内层的

非用德·摩根定律，即可得到与非-与非表达式，有

$$Y=((AB+A'C+AC')')'=((AB)'(A'C)'(AC')')'$$

用 3 个二输入与非门和 1 个三输入与非门，另外 A' 和 C' 非门各用 1 个与非门实现，因此需要 5 个二输入与门、1 个三输入与非门实现。可用 1 片 74HC00(74LS00)和 1 片 74HC20(74LS20)实现。

四、预习要求

在 Multisim 软件中搭建电路，实现 74HC20(74LS20)的逻辑功能测试；用 74HC20(74LS20)实现与门；用 74HC20(74LS20)形成或门；用 74HC20(74LS20)、74HC00(74LS00)实现逻辑函数式 $Y=AB+A'C+AC'$。

五、实验内容

(1) 测试 74HC20(74LS20)的逻辑功能。门的输入端接逻辑电平开关输出插口，以提供"0"与"1"电平信号，开关向上，输出为逻辑"1"；开关向下，输出为逻辑"0"。门的输出端接由 LED 发光二极管组成的逻辑电平显示器(又称为 0-1 指示器)的显示插口，LED 亮为逻辑"1"，不亮为逻辑"0"。任选 74HC20(74LS20)中一与非门按表 3-2-1 测试其逻辑功能，判断芯片逻辑功能是否正常。74HC20(74LS20)的逻辑功能表如表 3-2-1 所示。

表 3-2-1 **74HC20(74LS20)的逻辑功能表**

A	B	C	D	Y
1	1	1	1	0
0	1	1	1	1
1	0	1	1	1
1	1	0	1	1
1	1	1	0	1

(2) 用与非门 74HC00(74LS00)组成与门，实现 $Z=AB$。与非门组成与门的连线图如图 3-2-2 所示。与非门组成与门的测试结果如表 3-2-2 所示。

表 3-2-2 **与非门组成与门的测试结果**

A	B	Z
0	0	
0	1	
1	0	
1	1	

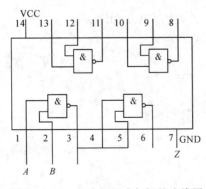

图 3-2-2 与非门组成与门的连线图

(3) 用与非门 74HC00(74LS00)组成或门,实现 $Z=A+B$。与非门组成或门的连线图如图 3-2-3 所示。与非门组成或门的测试结果如表 3-2-3 所示。

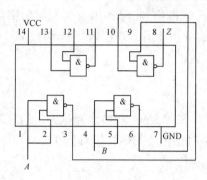

图 3-2-3 与非门组成或门的连线图

表 3-2-3 与非门组成或门的测试结果

A	B	Z
0	0	
0	1	
1	0	
1	1	

(4) 用 74HC20(74LS20)、74HC00(74LS00)实现逻辑函数式 $Y=AB+A'C+AC'$,自行搭建电路连接图,并将测试结果记录至表 3-2-4。

表 3-2-4 74HC20(74LS20)实现逻辑函数式 $Y=AB+A'C+AC'$ 的测试结果

A	B	C	Y
0	0	0	
0	0	1	
0	1	0	
0	1	1	
1	0	0	
1	0	1	
1	1	0	
1	1	1	

六、实验注意事项

注意 74HC00(74LS00)及 74HC20(74LS20)的引脚排列,不要接错。

七、Multisim 参考仿真图

(1) 74HC20(74LS20)逻辑功能测试的 Multisim 参考仿真图,如图 3-2-4 所示。

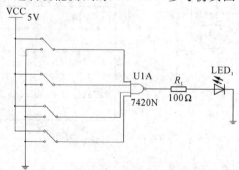

图 3-2-4 74HC20(74LS20)逻辑功能测试的 Multisim 参考仿真图

（2）用 74HC00(74LS00)实现与门的 Multisim 参考仿真图如图 3-2-5 所示。

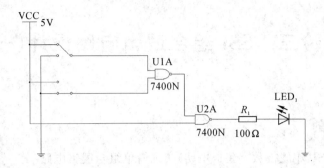

图 3-2-5 用 74HC00(74LS00)实现与门的 Multisim 参考仿真图

（3）用 74HC00(74LS00)实现或门的 Multisim 参考仿真图如图 3-2-6 所示。

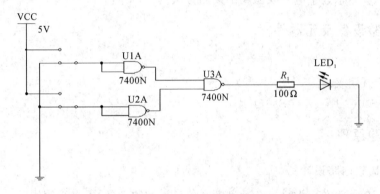

图 3-2-6 用 74HC00(74LS00)实现或门的 Multisim 参考仿真图

（4）用 74HC20(74LS20)、74HC00(74LS00)实现逻辑函数式 $Y=AB+A'C+AC'$ 的 Multisim 参考仿真图如图 3-2-7 所示。

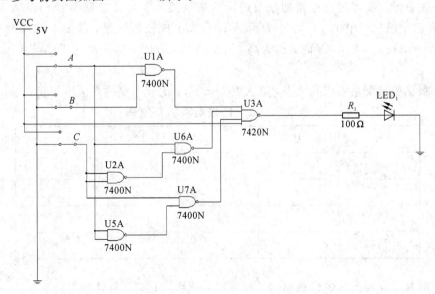

图 3-2-7 用 74HC20(74LS20)、74HC00(74LS00)实现逻辑函数式 $Y=AB+A'C+AC'$ 的 Multisim 参考仿真图

实验三　SSI 组合逻辑电路设计(一)

一、实验目的

(1) 掌握用 SSI(小规模数字集成电路)实现简单组合逻辑电路的方法。

SSI 组合逻辑电路设计(一)

(2) 掌握简单数字电路的安装与调试。

(3) 进一步熟悉数字电路实验箱的使用方法。

二、实验设备及元器件

(1) 数字电路实验箱。

(2) 数字万用表。

(3) 74LS00(2 片)、74LS86(1 片)。

三、实验原理

1. 大小比较电路设计

根据给定的元器件,设计一个能判断 1 位二进制数 A 与 B 大小的比较电路,写出设计步骤并画出逻辑图。

2. 设计步骤

(1) 根据题目要求进行逻辑抽象及逻辑状态赋值。本实验电路有两个输入,分别为 A、B,有三个输出,用 Y_1、Y_2、Y_3 表示 A 与 B 大小比较的结果,即 $Y_1(A>B)$、$Y_2(A<B)$、$Y_3(A=B)$,即当 $A>B$ 时,Y_1 为高电平;当 $A<B$ 时,Y_2 为高电平;当 $A=B$ 时,Y_3 为高电平。

(2) 根据逻辑要求列出真值表,填入表 3-3-1。比较电路的真值表如表3-3-1所示。

表 3-3-1　比较电路的真值表

A	B	Y_1	Y_2	Y_3
0	0	0	0	1
0	1	0	1	0
1	0	1	0	0
1	1	0	0	1

(3) 由真值表写出一位二进制码比较电路的逻辑表达式。具体如下:

$$Y_1(A>B)=AB'$$

$Y_2(A<B)=A'B$

$Y_3(A=B)=A'B'+AB$

（4）由于实验芯片为 2 片 74LS00 和 1 片 74LS86，每片 74LS00 中含 4 个与非门，每片 74LS86 中含 4 个异或门，所以将上述逻辑表达式按实验器材的限制来变换。具体如下：

$Y_1(A>B)=AB'= A \cdot (AB)'=((A \cdot (A \cdot B)')')'$

$Y_2(A<B)=A'B=(AB)' \cdot B=((B \cdot (A \cdot B)')')'$

$Y_3(A=B)=(A \oplus B)'$

（5）由表达式画出符合要求的逻辑图，如图 3-3-1 所示。

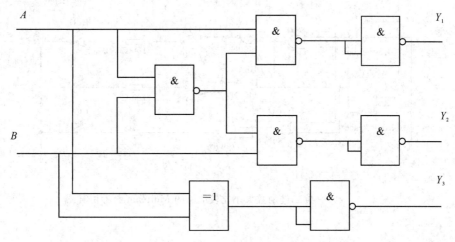

图 3-3-1 比较电路的逻辑图

四、预习要求

（1）上网查找并阅读 74LS00、74LS86 的数据手册及引脚排列图。

（2）按照硬件电路实验要求设计相应的逻辑电路，并画出逻辑图。

（3）用 Multisim 进行仿真，将仿真结果与理论分析结果进行比较。

五、实验内容

根据预习报告最终得出的逻辑图，在数字电路实验箱中搭建电路进行验证，并将得出的实验结果填至表 3-3-2 中。比较电路的实验结果如表 3-3-2 所示。

表 3-3-2 比较电路的实验结果

A	B	$Y_1(A>B)$	$Y_2(A<B)$	$Y_3(A=B)$
0	0			
0	1			
1	0			
1	1			

六、实验注意事项

（1）在插、拔集成块时，注意安全，不要扎到自己。

（2）在安装集成块时，注意不要接反。

七、Multisim 参考仿真图

一位二进制数大小比较电路的 Multisim 参考仿真图如图 3-3-2 所示。

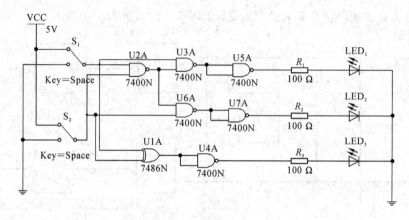

图 3-3-2　一位二进制数大小比较电路的 Multisim 参考仿真图

实验四　SSI 组合逻辑电路设计(二)

一、实验目的

（1）掌握 SSI 组合逻辑电路的设计方法。

（2）掌握 CMOS、TTL 元器件的使用规则，进一步熟悉集成门电路的使用方法。

SSI 组合逻辑电路设计(二)

二、实验设备及元器件

数字电路实验箱、数字万用表、74LS00、74LS20。

三、实验原理

用 74LS00、74LS20 设计一个三人（变量）多数表决电路。当输入变量中有 2 个或 2 个以上为 1 时，指示灯亮，其余情况指示灯不亮。

（1）组合逻辑电路设计步骤。使用中小规模集成电路来设计组合逻辑电路的步骤：根据设计任务的要求建立输入、输出变量，并列出真值表。然后用逻辑函数或卡诺图化简法求出简化的逻辑表达式，并按实际选用逻辑门的类型修改逻辑表达式。根据简化后的逻辑表达式画出逻辑图，用标准元器件构成逻辑电路。最后，用实验来验证设计的正确性。组合逻辑电路设计流程图如图 3-4-1 所示。

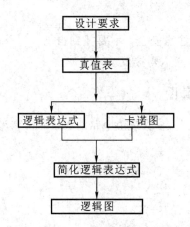

图 3-4-1　组合逻辑电路设计流程图

（2）芯片 74LS00、74LS20 的介绍，详见本部分的实验一、实验二。

四、预习要求

在 Multisim 中搭建电路，实现三人多数表决电路的仿真。

五、实验内容

(1) 设计三人多数表决电路：

① 列出真值表，如表 3-4-1 所示。

表 3-4-1　真值表

A	B	C	Y
0	0	0	0
0	0	1	0
0	1	0	0
0	1	1	1
1	0	0	0
1	0	1	1
1	1	0	1
1	1	1	1

② 写出逻辑函数表达式，即

$$Y = A'BC + AB'C + ABC' + ABC = m_3 + m_5 + m_6 + m_7$$

③ 化简，即

$$Y = AB + BC + AC = ((AB + BC + AC)')' = ((AB)'(BC)'(AC)')'$$

④ 画出电路图。

(2) 根据电路图进行连线。

(3) 实验结果记录与验证。改变 A、B、C 的逻辑电平，观察指示灯变化情况，记录相关信息，检验所设计电路是否满足设计要求。

六、注意事项

(1) 在插、拔集成块时，注意安全，不要扎到自己。

(2) 在安装集成块时，注意不要接反。

七、Multisim 参考仿真图

用 SSI 组合逻辑电路实现三人多数表决电路的 Multisim 参考仿真图如图 3-4-2 所示。

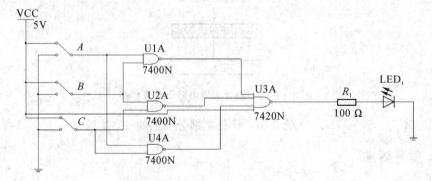

图 3-4-2　用 SSI 组合逻辑电路实现三人多数表决电路的 Multisim 参考仿真图

实验五　MSI 组合逻辑电路设计(一)

一、实验目的

(1) 掌握集成译码器的逻辑功能测试方法。

(2) 掌握用译码器设计组合逻辑电路的方法。

MSI 组合逻辑电路设计(一)

二、实验设备及元器件

数字电路实验箱、数字万用表、74HC138、74HC20。

三、实验原理

1. 芯片介绍

译码器是一个多输入、多输出的组合逻辑电路。它的作用是将给定的代码进行"翻译",变成相应的状态,使输出通道中相应的一路有信号输出。译码器在数字系统中有广泛的用途,不同的功能可选用不同种类的译码器。

二进制译码器的输入是一组二进制代码,输出是一组与输入代码一一对应的高、低电平信号。若有 n 个输入变量,则有 2^n 个输出端供其使用。而每一个输出所代表的函数对应 n 个输入变量的最小项。

以 3 线-8 线译码器 74HC138 为例,其中,$A_2 A_1 A_0$ 为地址输入端,$Y_0' \sim Y_7'$ 为译码输出端,S_1、S_2'、S_3' 为附加控制端。74HC138 的引脚排列图如图 3-5-1 所示。

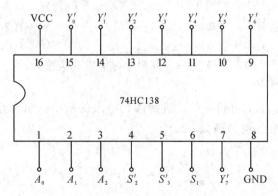

图 3-5-1　74HC138 的引脚排列图

2. 逻辑功能

74HC138 的逻辑功能表如表 3-5-1 所示。

表 3 - 5 - 1　74HC138 的逻辑功能表

输　入					输　出							
S_1	$S'_2 + S'_3$	A_2	A_1	A_0	Y'_0	Y'_1	Y'_2	Y'_3	Y'_4	Y'_5	Y'_6	Y'_7
0	×	×	×	×	1	1	1	1	1	1	1	1
×	1	×	×	×	1	1	1	1	1	1	1	1
1	0	0	0	0	0	1	1	1	1	1	1	1
1	0	0	0	1	1	0	1	1	1	1	1	1
1	0	0	1	0	1	1	0	1	1	1	1	1
1	0	0	1	1	1	1	1	0	1	1	1	1
1	0	1	0	0	1	1	1	1	0	1	1	1
1	0	1	0	1	1	1	1	1	1	0	1	1
1	0	1	1	0	1	1	1	1	1	1	0	1
1	0	1	1	1	1	1	1	1	1	1	1	0

当 $S_1 = 1$，$S'_2 + S'_3 = 0$ 时，译码器处于工作状态，地址码所指定的输出端有信号（为 0）输出，其他所有输出端均无信号（全为 1）输出。当 $S_1 = 0$，$S'_2 + S'_3 = ×$；或 $S_1 = ×$，$S'_2 + S'_3 = 1$ 时，译码器被禁止，所有输出同时为 1。

3. 译码器实现逻辑函数

利用二进制译码器可以方便地实现逻辑函数。译码器工作在译码状态时，输出端表达式如下：

$$Y'_0 = (A'_2 A'_1 A'_0)' = m'_0, \qquad Y'_4 = (A_2 A'_1 A'_0)' = m'_4,$$
$$Y'_1 = (A'_2 A'_1 A_0)' = m'_1, \qquad Y'_5 = (A_2 A'_1 A_0)' = m'_5,$$
$$Y'_2 = (A'_2 A_1 A'_0)' = m'_2, \qquad Y'_6 = (A_2 A_1 A'_0)' = m'_6,$$
$$Y'_3 = (A'_2 A_1 A_0)' = m'_3, \qquad Y'_7 = (A_2 A_1 A_0)' = m'_7,$$

3 位二进制译码器给出 3 个变量的全部最小项，以此类推，n 位二进制译码器给出 n 变量的全部最小项。

对于任意 n 变量函数，可将 n 位二进制译码输出的最小项组合起来，从而获得任何形式的输入变量不大于 n 的组合函数，即

$$Y = \sum m_i$$

例如

$$Y(A, B, C) = m_1 + m_2 + m_4 + m_7$$
$$= ((m_1 + m_2 + m_4 + m_7)')'$$
$$= (m'_1 m'_2 m'_4 m'_7)'$$
$$= (Y'_1 Y'_2 Y'_4 Y'_7)'$$

4. 设计应用一

设计 3 个开关控制一个电灯的逻辑电路，要求改变任何一个开关的状态都能控制电灯由亮变灭或者由灭变亮，要求用译码器（74HC138）及与非门来实现。

5. 设计应用二

设计一个监视交通信号灯工作状态的逻辑电路。每一组信号灯均由红、黄、绿三盏灯组成。在正常工作情况下，任何时刻必有一盏灯点亮，而且只允许有一盏灯点亮。而当出现其他 5 种点亮状态时，电路发生故障，这时要求发出故障信号，以提醒维护人员前去修理，要求用译码器 74HC138 配合门电路来实现。交通信号灯的正常工作状态和故障状态如图 3-5-2 所示。

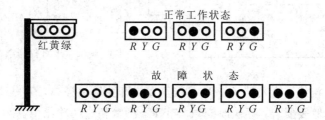

图 3-5-2　交通信号灯的正常工作状态和故障状态

四、预习要求

在 Multisim 中搭建电路，实现 74HC138 逻辑功能的测试；用 74HC138 设计 3 个开关控制一个灯的逻辑电路；用 74HC138 设计一个监视交通信号灯工作状态的逻辑电路。

五、实验内容

1. 测试 74HC138 的逻辑功能

（1）8 脚接地、16 脚接 +5 V 电源。

（2）4、5 脚接低电平，6 脚接高电平，使译码器处于正常的"译码"工作状态。

（3）地址输入端 A_2、A_1、A_0 接逻辑开关，8 个输出端 $Y_0 \sim Y_7$ 依次连接在逻辑电平显示器的 8 个输入端口上，拨动逻辑电平开关，逐项测试 74HC138 的逻辑功能。

（4）在使 $S_1 = 0$，$S_2' + S_3' = 1$ 时，测试输出端电平。

（5）列写功能表。

2. 电灯控制电路设计与实现

（1）进行逻辑抽象。以 A、B、C 表示三个双位开关，并用 0 和 1 分别表示开关的两个状态。以 Z 表示灯的状态，用 1 表示亮，0 表示灭。设 $ABC = 000$ 时，$Z = 0$，从这个状态开始，单独改变任何一个开关的状态都要变化。

（2）得出真值表。电灯控制电路的真值表如表 3-5-2 所示。

（3）得出逻辑函数式，即

$$Z(A, B, C) = m_1 + m_2 + m_4 + m_7$$

（4）用译码器实现电灯控制电路。电灯控制电路的逻辑图 3-5-3 所示。

表 3 - 5 - 2　电灯控制电路的真值表

A	B	C	Z
0	0	0	0
0	0	1	1
0	1	0	1
0	1	1	0
1	0	0	1
1	0	1	0
1	1	0	0
1	1	1	1

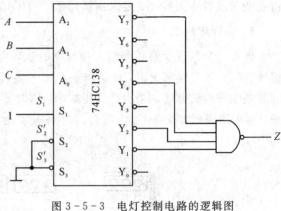

图 3 - 5 - 3　电灯控制电路的逻辑图

按图 3 - 5 - 3 接线,输入端 A、B、C 接至逻辑开关输出插口,输出端 Z 接逻辑电平显示输入插口,按真值表要求,逐次改变输入变量,测量相应的输出值。

3. 交通灯监视电路的设计与实现

(1) 进行逻辑抽象。取红、黄、绿三盏灯的状态为输入变量,分别用 R、Y、G 表示,并规定灯亮时为 1,灭时为 0。取故障信号为输出变量,以 Z 表示,并规定正常工作状态下 Z 为 0,发生故障时 Z 为 1。

(2) 得出真值表。交通灯监视电路的真值表如表 3 - 5 - 3 所示。

表 3 - 5 - 3　交通灯监视电路的真值表

R	Y	G	Z
0	0	0	1
0	0	1	0
0	1	0	0
0	1	1	1
1	0	0	0
1	0	1	1
1	1	0	1
1	1	1	1

(3) 得出逻辑函数式,即

$$Z(R,Y,G)=m_0+m_3+m_5+m_6+m_7$$
$$=(m_1+m_2+m_4)'$$
$$=(m_1)' \cdot (m_2)' \cdot (m_4)'$$
$$=(((m_1)' \cdot (m_2)' \cdot (m_4)')')'$$
$$=(((Y_1)' \cdot (Y_2)' \cdot (Y_4)')')'$$

（4）用译码器实现交通灯监视电路（图略）。

六、注意事项

（1）在列写电灯控制电路的真值表时，要理解逻辑问题的含义。

（2）记录实验过程中出现的故障或不正常现象，分析原因，说明解决的办法和过程。在用 74HC138 实现逻辑问题时，注意附加控制端的接法。

七、Multisim 参考仿真图

（1）74HC138 逻辑功能测试的 Multisim 参考仿真图如图 3-5-4 所示。

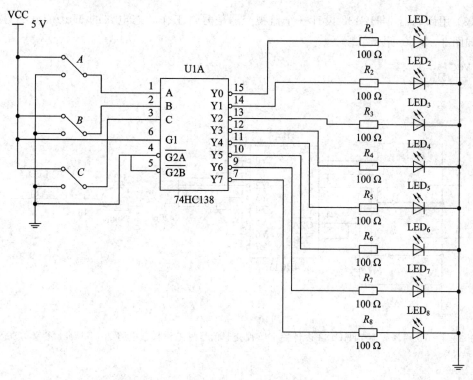

图 3-5-4　74HC138 逻辑功能测试的 Multisim 参考仿真图

（2）用译码器 74HC138 设计 3 个开关控制一个灯电路的 Multisim 参考仿真图如图 3-5-5所示。

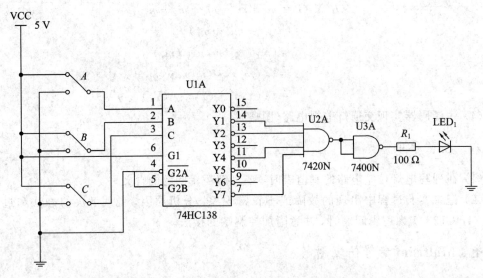

图 3 - 5 - 5　用译码器 74HC138 设计 3 个开关控制一个灯电路的 Multisim 参考仿真图

（3）用译码器 74HC138 设计一个监视交通信号灯工作状态电路的 Multisim 参考仿真图，如图 3 - 5 - 6 所示。

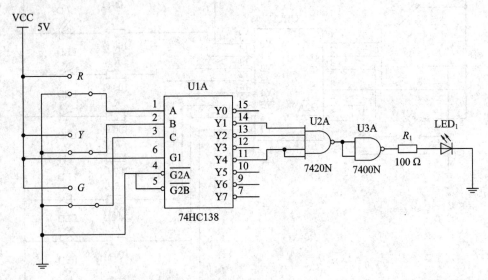

图 3 - 5 - 6　用译码器 74HC138 设计一个监视交通信号灯工作状态电路的 Multisim 参考仿真图

实验六　MSI 组合逻辑电路设计(二)

一、实验目的

(1) 掌握数据选择器 74LS151、74LS153 的逻辑功能测试方法。

(2) 掌握 MSI 组合逻辑电路的逻辑功能分析方法和用 MSI 组合逻辑电路设计逻辑问题的方法。

MSI 组合逻辑电路设计(二)

二、实验设备及元器件

数字电路实验箱、74LS151、74LS153。

三、实验原理

(1) 74LS151 为互补输出的 8 选 1 数据选择器,选择控制端(地址端)为 $A_2 \sim A_0$,按二进制译码,从 8 个输入数据 $D_0 \sim D_7$ 中,选择一个需要的数据送到输出端 Y,S 为使能端,低电平有效。74LS151 的引脚排列图如图 3 - 6 - 1 所示。

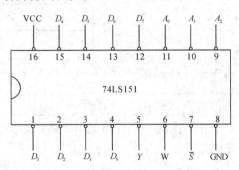

图 3 - 6 - 1　74LS151 的引脚排列图

(2) 74LS153 是双 4 选 1 数据选择器。两个 4 选 1 数据选择器各有一个选通输入端。74LS153 的引脚排列图如图 3 - 6 - 2 所示。

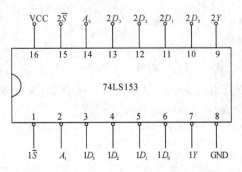

图 3 - 6 - 2　74LS153 的引脚排列图

四、预习要求

（1）74LS153 组合逻辑电路如图 3-6-3 所示。在 Multisim 中按照图 3-6-3 连接电路，A、B、C 端输入不同逻辑电平，观察 Y 端的逻辑状态。

74LS153 组合逻辑电路的测试结果如表 3-6-1 所示。将观察结果填至表 3-6-1，并说明此电路完成的逻辑功能。

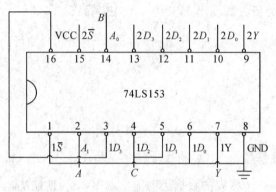

图 3-6-3　74LS153 组合逻辑电路

表 3-6-1　74LS153 组合逻辑
电路的测试结果

A	B	C	Y
0	0	0	
0	0	1	
0	1	0	
0	1	1	
1	0	0	
1	0	1	
1	1	0	
1	1	1	

该电路的逻辑功能为：_____

_____。

（2）用 74LS151 设计 3 个开关控制一个灯的逻辑电路，要求改变任何一个开关的状态都能控制灯由亮变灭或由灭变亮。

① 写出设计过程。

② 画出接线图。

③ 在 Multisim 中搭建电路，进行逻辑功能测试，将测试结果填至表 3-6-4。

五、实验内容

1. 74LS151 逻辑功能测试

在数字电路实验箱中，将 $A_2 A_1 A_0$ 地址端、$D_0 \sim D_7$ 数据输入端、$\bar{S}$ 使能端分别接开关输入插口，Y 和 W 输出端分别接至输出显示插口，按表 3-6-2 逐行测试，并记录测试结果。74LS151 逻辑功能测试如表 3-6-2 所示。

表 3-6-2　74LS151 逻辑功能测试

输　入					
选通	选择控制端				
$\overline{S}$	A_2	A_1	A_0	Y	$\overline{W}$
1	×	×	×		
0	0	0	0		
0	0	0	1		
0	0	1	0		
0	0	1	1		
0	1	0	0		
0	1	0	1		
0	1	1	0		
0	1	1	1		

2. 74LS153 逻辑功能测试

在数字电路实验箱中，将 $A_1 A_0$ 地址端、$D_0 \sim D_3$ 数据输入端、$\overline{S}$ 使能端分别接开关输入插口，Y 接至输出显示插口，74LS153 逻辑功能测试如表 3-6-3 所示。按表 3-6-3 逐行测试，并记录测试结果。

表 3-6-3　74LS153 逻辑功能测试

输　入			输　出
$\overline{S}$	A_1	A_0	Y
1	×	×	
0	0	0	
0	0	1	
0	1	0	
0	1	1	

3. 测试 74LS153 组合逻辑电路的逻辑功能

在数字电路实验箱中按照图 3-6-3 搭建电路，进行逻辑功能测试，74LS153 组合逻辑电路测试结果如表 3-6-4 所示。将测试结果填至表 3-6-4。

表 3 - 6 - 4　74LS153 组合逻辑电路测试结果

A	B	C	Y
0	0	0	
0	0	1	
0	1	0	
0	1	1	
1	0	0	
1	0	1	
1	1	0	
1	1	1	

该电路功能为：＿＿＿＿＿＿＿＿＿＿＿＿＿＿＿＿＿＿＿＿＿＿＿＿＿＿＿＿＿＿＿＿
＿＿＿＿＿＿＿＿＿＿＿＿＿＿＿＿＿＿＿＿＿＿＿＿＿＿＿＿＿＿＿＿＿＿＿＿＿＿。

4. 电路的逻辑功能

在数字电路实验箱中搭建预习所要求的的电路，进行逻辑功能测试，将测试结果填至表 3 - 6 - 5。

表 3 - 6 - 5　电灯控制电路真值表

A	B	C	Y
0	0	0	
0	0	1	
0	1	0	
0	1	1	
1	0	0	
1	0	1	
1	1	0	
1	1	1	

六、实验注意事项

在用 74LS151 设计 3 个开关控制一个灯的逻辑电路时，题意要理解正确，列出正确的真值表。

七、Multisim 参考仿真图

74LS153 组合逻辑电路 Multisim 参考仿真图、74LS151 实现开关控制电灯 Multisim 参考仿真图如图 3 - 6 - 4、图 3 - 6 - 5 所示。

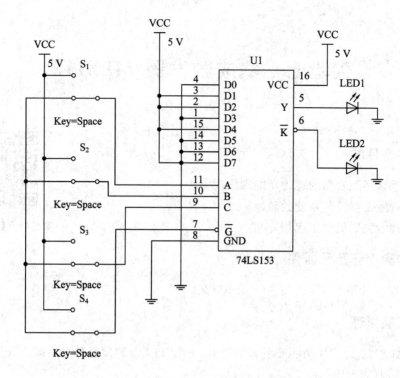

图 3 - 6 - 4　74LS153 组合逻辑电路 Multisim 参考仿真图

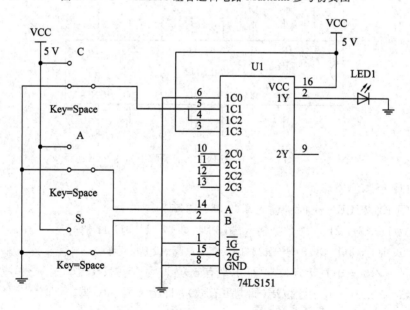

图 3 - 6 - 5　74LS151 实现开关控制电灯 Multisim 参考仿真图

实验七　集成触发器 74LS112

一、实验目的

（1）熟悉常用触发器的逻辑功能和测试方法。
（2）了解触发器逻辑功能的转换。
（3）掌握触发器的基本应用。

集成触发器 74LS112

二、实验设备及元器件

数字电路实验箱、数字万用表、74LS112（1 片）。

三、实验原理

了解 74LS112 的芯片功能及引脚排列图。74LS112 为带预置和清零端的双 JK 触发器。74LS112 的引脚排列图如图 3-7-1 所示。

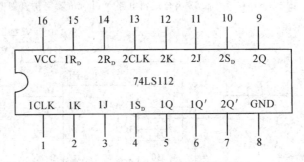

图 3-7-1　74LS112 的引脚排列图

74LS112 引脚的说明如下：
（1）1CLK、2CLK——时钟输入端（1 脚、13 脚）。
（2）1J、1K、2J、2K——数据输入端（3 脚、2 脚、11 脚、12 脚）。
（3）1Q、1Q′、2Q、2Q′——输出端（5 脚、6 脚、9 脚、7 脚）。
（4）$1R_D$、$2R_D$——直接复位端（低电平有效），即为 15 脚、14 脚。
（5）$1S_D$、$2S_D$——直接置位端（低电平有效），即为 4 脚、10 脚。

四、预习部分

在 Multisim 中搭建电路，然后在 74LS112 中任选一组 JKFF，测试 74LS112 的逻辑功能，填写至表 3-7-1，并在 Multisim 中仿真测试 74LS112 的逻辑功能。74LS112 的逻辑功能表如表 3-7-1 所示。

表 3 - 7 - 1　74LS112 的逻辑功能表

S'_D	R'_D	J	K	CLK	Q^n（现态）	Q^{n+1}（次态）	结论
0	1	$\times$	$\times$	$\times$	$\times$		
1	0	$\times$	$\times$	$\times$	$\times$		
0	0	$\times$	$\times$	$\times$	$\times$		
1	1	0	0	$\downarrow$	0		
1	1	0	0	$\downarrow$	1		
1	1	0	1	$\downarrow$	0		
1	1	0	1	$\downarrow$	1		
1	1	1	0	$\downarrow$	0		
1	1	1	0	$\downarrow$	1		
1	1	1	1	$\downarrow$	0		
1	1	1	1	$\downarrow$	1		

五、实验内容

（1）任选用一组双 JK 触发器，将R'_D、S'_D、J、K 分别接至数字电路实验箱逻辑电平开关显示端口，CLK 端接手动单脉冲，输出下排 P_{11}（下降沿触发），Q^n、Q^{n+1} 分别接发光二极管输出显示端口。测试S'_D和R'_D分别为低电平时 74LS112 的逻辑功能，将实验结果填入表 3 - 7 - 2 中。74LS112 逻辑功能测试如表 3 - 7 - 2 所示。

表 3 - 7 - 2　74LS112 的逻辑功能测试

S'_D	R'_D	CLK	J	K	Q^n（现态）	Q^{n+1}（次态）
0	1	$\times$	$\times$	$\times$	$\times$	
1	0	$\times$	$\times$	$\times$	$\times$	

（2）将S'_D和R'_D接逻辑"1"，即$S'_D=1$，$R'_D=1$，触发器状态更新是在 CLK 的下降沿（即 CLK 由 1 到 0）。将测试结果填入表 3 - 7 - 3 中。

表 3 - 7 - 3　74LS112 的逻辑功能测试结果

J	K	CLK	Q^n（现态）	Q^{n+1}（次态）	结论
0	0	$\downarrow$	0		
0	0	$\downarrow$	1		
0	1	$\downarrow$	0		
0	1	$\downarrow$	1		
1	0	$\downarrow$	0		
1	0	$\downarrow$	1		
1	1	$\downarrow$	0		
1	1	$\downarrow$	1		

（3）现态设定用S'_D、R'_D设定，但设定后要看状态如何变化，仍要调回，使$S'_D=R'_D=1$。

六、注意事项

(1) 要求使用 5 V 电源，核对无误后再接入。

(2) 输出端切忌短路、线与。

(3) 多余输入端不可悬空，CMOS 与非门、与门接＋5 V 电源；CMOS 或非门、或门接地。

七、Multisim 参考仿真图

74LS112 逻辑功能测试的 Multisim 参考图如图 3 - 7 - 2 所示。

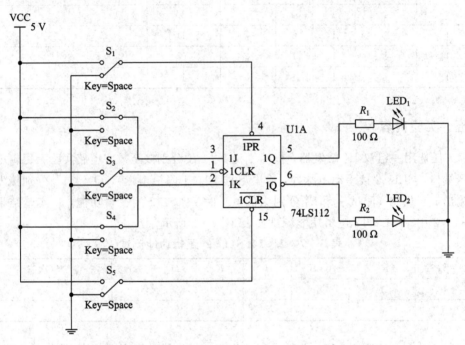

图 3 - 7 - 2　74LS112 逻辑功能测试的 Multisim 参考仿真图

实验八　集成触发器及其应用

一、实验目的

（1）掌握集成触发器的使用方法。
（2）掌握集成触发器的简单应用。

集成触发器及其应用

二、实验设备及元器件

数字电路实验箱、数字万用表、74LS74、74LS76。

三、实验原理

1. 芯片介绍

74LS74 是上升沿触发的双 D 触发器。74LS74 的引脚排列图如图 3 - 8 - 1 所示。

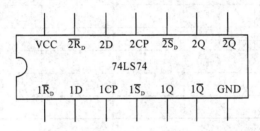

图 3 - 8 - 1　74LS74 的引脚排列图

74LS76 是下降沿触发双 JK 触发器。74LS76 的引脚排列图如图 3 - 8 - 2 所示。

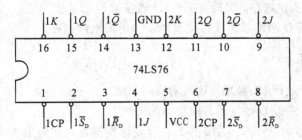

图 3 - 8 - 2　74LS76 的引脚排列图

2. 逻辑功能

74LS74 的逻辑功能表如表 3 - 8 - 1 所示。74LS76 的逻辑功能表如表 3 - 8 - 2 所示。

表 3 - 8 - 1　74LS74 的逻辑功能表

输　入				输　出	
S_D'	R_D'	CP	D	Q	Q'
0	1	×	×	1	0
1	0	×	×	0	1
1	1	↑	1	1	0
1	1	↑	0	0	1
1	1	0/↓	×	保持	保持
0	0	×	×	禁止	禁止

表 3 - 8 - 2　74LS76 的逻辑功能表

输　入					输　出	
$\bar{R}_D$	$\bar{S}_D$	CP	J	K	Q^{n+1}	$\bar{Q}^{n+1}$
1	0	×	×	×	1	0
0	1	×	×	×	0	1
0	0	×	×	×	禁止	禁止
1	1	↓	0	0	Q^n	$\bar{Q}^n$
1	1	↓	1	0	1	0
1	1	↓	0	1	0	1
1	1	↓	1	1	$\bar{Q}^n$	Q^n
1	1	1	×	×	Q^n	$\bar{Q}^n$

四、预习要求

在 Multisim 中搭建电路,实现 74LS74D 触发器逻辑功能测试;74LS76 双 JK 触发器逻辑功能的测试;用 D 触发器构成移位寄存器实现流水灯电路。

五、实验内容

(1) 连接线路,进行 JK 触发器逻辑功能的测试。

(2) 连接线路,进行 D 触发器逻辑功能的测试。

(3) 用 D 触发器构成环形移位寄存器,给 D 触发器置入初值 1000,然后按电路图进行设计和实现,构成流水灯电路(如图 3 - 8 - 3 所示)。

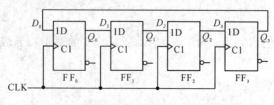

图 3 - 8 - 3　流水灯电路

六、实验注意事项

注意触发器设置初值的方法,在实验过程中注意体会时钟信号的控制作用。

七、Multisim 参考仿真图

(1) 用 74LS74 实现 D 触发器逻辑功能测试的 Multisim 参考仿真图如图 3 - 8 - 4 所示。

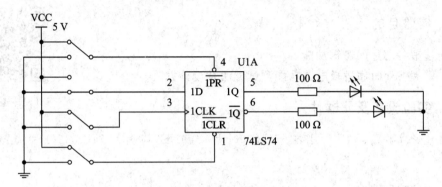

图 3 - 8 - 4　用 74LS74 实现 D 触发器逻辑功能测试的 Multisim 参考仿真图

(2) 用 74LS76 实现双 JK 逻辑功能测试的 Multisim 参考仿真图如图 3 - 8 - 5 所示。

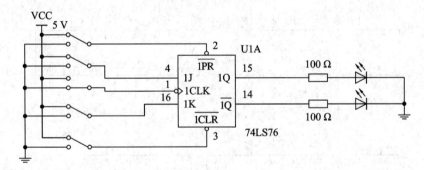

图 3 - 8 - 5　用 74LS76 实现双 JK 逻辑功能测试的 Multisim 参考仿真图

(3) 用 D 触发器构成流水灯电路的 Multisim 参考仿真图如图 3 - 8 - 6 所示。

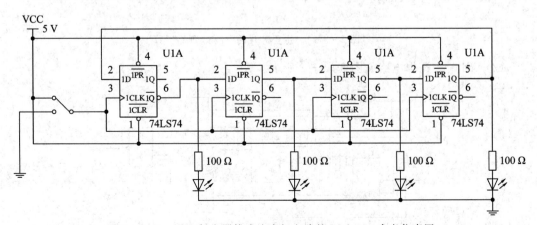

图 3 - 8 - 6　用 D 触发器构成流水灯电路的 Multisim 参考仿真图

实验九　SSI 时序逻辑电路

一、实验目的

（1）了解各芯片的逻辑功能。

（2）掌握 SSI 时序逻辑电路功能测试方法及设计方法。

SSI 时序逻辑电路

二、实验设备及元器件

数字电路实验箱、数字万用表、74LS00（1 片）、74LS10（1 片）、74LS112（1 片）、74LS86（1 片）。

三、实验原理

（1）了解本次实验所用到的芯片功能。主要芯片的引脚排列图如图 3-9-1 所示。

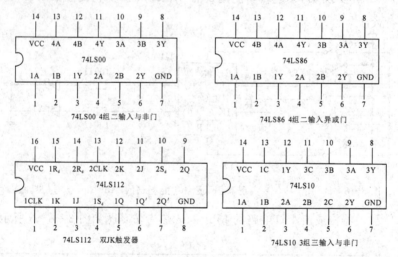

图 3-9-1　主要芯片的引脚排列图

（2）SSI 时序逻辑电路如图 3-9-2 所示。

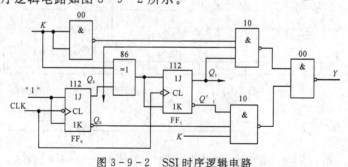

图 3-9-2　SSI 时序逻辑电路

四、预习要求

(1) 分析图 3-9-2 所示电路实现的功能,并写出分析步骤。

(2) 在 Multisim 中搭建如图 3-9-2 所示仿真电路,根据仿真结果填写表 3-9-1。

表 3-9-1　SSI 时序逻辑电路的仿真结果

K	Q_1^n	Q_0^n	Y	CLK	Q_1^{n+1}	Q_0^{n+1}
0	0	0				
0	0	1				
0	1	0				
0	1	1				
1	1	1				
1	1	0				
1	0	1				
1	0	0				

该电路的逻辑功能为:_____

_____。

五、实验内容

1. 实验电路说明

(1) 我们可确定该时序逻辑电路为同步时序逻辑电路,因为两个触发器 FF$_0$、FF$_1$ 的时钟信号来自同一个时钟信号源。

(2) 触发器的动作特点为:当 CLK 信号的下降沿到达时,触发器的状态才发生变化。

(3) 输入信号为 K,输出信号为 Y。

2. 实验过程

在数字电路实验箱中搭建如图 3-9-2 所示的逻辑图。K、$1R_D$、$1S_D$、$2R_D$、$2S_D$、$1J$、$1K$ 接逻辑电平开关输入显示端口,CLK 端接手动单脉冲的输出下排。Q_1、Q_0、Y 分别接至发光二极管输出显示端口。将实验结果填至表 3-9-2。

该电路的逻辑功能为:当 $K=0$ 时,Q_1Q_0 的初态为 00,在时钟脉冲的作用下,Q_1Q_0 的数值从 00 递增到 11,每经过 4 个时钟脉冲,电路的状态循环一次,同时在 Y 端输出一个进位脉冲,因而 Y 是进位信号,所以该电路可作为四进制加计数器(由几个状态构成一个循环则可看成是几进制加法器)。当 $K=1$ 时,若 Q_1Q_0 初态为 11,该电路可作为四进制减法计数器,Y 是借位信号。所以,该时序电路可作为加减计数器(也称为可逆计数器),K 可看成是加减控制信号。

表 3 - 9 - 2　SSI 时序逻辑电路的实验结果

K	Q_1^n	Q_0^n	Y	CLK	Q_1^{n+1}	Q_0^{n+1}
0	0	0				
0	0	1				
0	1	0				
0	1	1				
1	1	1				
1	1	0				
1	0	1				
1	0	0				

六、实验注意事项

(1) 触发器现态的设置可通过 R_D、S_D 来设置,设置完成之后要将它们调回高电平。

(2) 要求使用 5 V 电源,核对无误后再接入。

(3) 输出端切忌短路。

(4) 多余输入端不可悬空。CMOS 与非门、与门接 5 V 电源;CMOS 或非门、或门接地。

(5) 在插、拔集成块时注意安全。

七、Multisim 参考仿真图

SSI 时序逻辑电路的 Multisim 参考仿真图如图 3 - 9 - 3 所示。

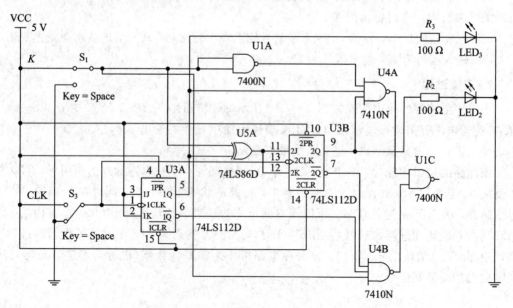

图 3 - 9 - 3　SSI 时序逻辑电路的 Multisim 参考仿真图

实验十　MSI 时序逻辑电路

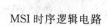

一、实验目的

（1）了解实验主要芯片的逻辑功能。

（2）掌握 MSI 时序逻辑电路功能测试方法。

MSI 时序逻辑电路

二、实验设备及元器件

数字电路实验箱、74LS161（1 片）、74LS00（1 片）。

三、实验原理

（1）74LS161 的引脚排列图如图 3-10-1 所示。

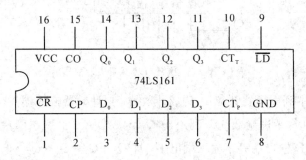

图 3-10-1　74LS161 的引脚排列图

74LS161 的逻辑功能及引脚排列说明如下：

① $\overline{CR}$ 为异步清零端（低电平有效）。异步清零是指只要 $\overline{CR}=0$，无论 CP 信号有没有到达，则 $Q_3^* Q_2^* Q_1^* Q_0^*=0000$，异步是指清零与 CP 信号无关。

② $\overline{LD}$ 为同步并行预置数端（低电平有效）。同步并行预置数是指 $\overline{CR}=1$ 的条件下，当 $\overline{LD}=0$ 且有时钟脉冲 CP 的上升沿作用时，$D_3 D_2 D_1 D_0$ 输入端的数据将分别被 $Q_3 Q_2 Q_1 Q_0$ 所接收。由于这个置数操作要与 CP 上升沿同步，并且 $D_3 \sim D_0$ 的数据同时置入计数器，所以称同步并行预置。74LS161 可根据情况置任意数，但主要功能是为了置入初值。

③ CT_T、CT_P 为计数使能端，高电平有效。在 $\overline{CR}=\overline{LD}=1$ 的条件下，当 $CT_T \cdot CT_P=0$，即两个计数使能端有 0 时，不管有无 CP 脉冲作用，计数器都将保持原有状态不变（停止计数）。需要说明的是，当 $CT_P=0$，$CT_T=1$ 时，进位输出 CO 也保持不变，而当 $CT_T=0$ 时，不管 CT_P 状态如何，进位输出 CO=0。

④ 计数。当 $\overline{CR}=\overline{LD}=CT_P=CT_T=1$ 时，74LS161 处于计数状态，其状态转换与 4 位二进制加计数器相同。

（2）清零端反馈式计数器如图 3-10-2 所示。

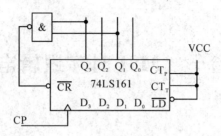

图 3 - 10 - 2　清零端反馈式计数器

在图 3 - 10 - 2 中利用清零端 $\overline{CR}$ 构成计数器。当 $Q_3Q_2Q_1Q_0 = 1010$(十进制数 10)时，通过反馈强制计数器清零。

（3）预置数端反馈式计数器如图 3 - 10 - 3 所示。

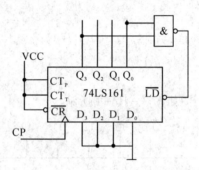

图 3 - 10 - 3　预置数端反馈式计数器

在图 3 - 10 - 3 中利用预置数端 $\overline{LD}$ 构成计数器。把计数器输入端 $D_3D_2D_1D_0$ 全部接地，当计数器计到 1001 时(十进制数 9)，利用 Q_3Q_0 反馈线使预置数端 $\overline{LD} = \overline{Q_3Q_0} = 0$，在第十个 CP 到来时，计数器输出端等于输入端电平，即 $Q_3 = Q_2 = Q_1 = Q_0 = 0$，之后 $\overline{LD} = 1$，计数器又开始计数。

四、预习要求

（1）通过 Multisim 软件搭建实验电路，测试 74LS161 的逻辑功能，并将测试结果填在表 3 - 10 - 1 中。

表 3 - 10 - 1　74LS161 的逻辑功能测试结果

$\overline{CR}$	$\overline{LD}$	CT_P	CT_T	CP	D_3	D_2	D_1	D_0	Q_3^n	Q_2^n	Q_1^n	Q_0^n	Q_3^{n+1}	Q_2^{n+1}	Q_1^{n+1}	Q_0^{n+1}	CO
0	×	×	×	×	×	×	×	×	×	×	×	×					
1	0	×	×	↑	d_3	d_2	d_1	d_0	×	×	×	×					
1	1	0	×	×	×	×	×	×	1	1	1	1					
1	1	×	0	×	×	×	×	×	0	0	0	0					
1	1	1	1	↑	×	×	×	×	0	0	0	0					

（2）通过 Multisim 软件搭建如图 3 - 10 - 2 所示电路，并将实验结果记录在表 3 - 10 - 2 中。

表 3-10-2　清零端反馈式计数器的实验结果

Q_3^n	Q_2^n	Q_1^n	Q_0^n	CLK	Q_3^{n+1}	Q_2^{n+1}	Q_1^{n+1}	Q_0^{n+1}
0	0	0	0					
0	0	0	1					
0	0	1	0					
0	0	1	1					
0	1	0	0					
0	1	0	1					
0	1	1	0					
0	1	1	1					
1	0	0	0					
1	0	0	1					

（3）通过 Multisim 软件搭建如图 3-10-3 所示电路，并将实验结果记录在表 3-10-3 中。

表 3-10-3　预置数端反馈式计数器的实验结果

Q_3^n	Q_2^n	Q_1^n	Q_0^n	CLK	Q_3^{n+1}	Q_2^{n+1}	Q_1^{n+1}	Q_0^{n+1}
0	0	0	0					
0	0	0	1					
0	0	1	0					
0	0	1	1					
0	1	0	0					
0	1	0	1					
0	1	1	0					
0	1	1	1					
1	0	0	0					
1	0	0	1					

五、实验内容

（1）4 位二进制同步计数器 74LS161 逻辑功能测试。$\overline{CR}$、$\overline{LD}$、CT_P、CT_T、D_0、D_1、D_2、D_3 端分别接数字电路实验箱的开关量，输入并显示端口，Q_0、Q_1、Q_2、Q_3、CO 分别接至发光二极管输出显示端，CP 用单次脉冲（CP 端接至单脉冲输出上排 P_{11}，因其为上升沿有效），按表 3-10-4 进行测试并记录结果。当测试预置数功能时，将 $D_0 \sim D_3$ 设定成任意数据，观察 $Q_0 \sim Q_3$ 的状态与数据的关系。

表 3 - 10 - 4　　测试 4 位二进制同步计数器 74LS161 的逻辑功能

$\overline{CR}$	$\overline{LD}$	CT_P	CT_T	CP	D_3	D_2	D_1	D_0	Q_3^n	Q_2^n	Q_1^n	Q_0^n	Q_3^{n+1}	Q_2^{n+1}	Q_1^{n+1}	Q_0^{n+1}	CO
0	×	×	×	×	×	×	×	×	×	×	×	×					
1	0	×	×	↑	d_3	d_2	d_1	d_0	×	×	×	×					
1	1	0	×	×	×	×	×	×	1	1	1	1					
1	1	×	0	×	×	×	×	×	0	0	0	0					
1	1	1	1	↑	×	×	×	×	0	0	0	0					

　　（2）在数字电路实验箱中分别搭建如图 3 - 10 - 2、图 3 - 10 - 3 所示电路，并将实验结果填于表 3 - 10 - 5 和表 3 - 10 - 6 中。

表 3 - 10 - 5　　清零端反馈式计数器的实验结果

Q_3^n	Q_2^n	Q_1^n	Q_0^n	CLK	Q_3^{n+1}	Q_2^{n+1}	Q_1^{n+1}	Q_0^{n+1}
0	0	0	0					
0	0	0	1					
0	0	1	0					
0	0	1	1					
0	1	0	0					
0	1	0	1					
0	1	1	0					
0	1	1	1					
1	0	0	0					
1	0	0	1					

表 3 - 10 - 6　　预置数端反馈式计数器的实验结果

Q_3^n	Q_2^n	Q_1^n	Q_0^n	CLK	Q_3^{n+1}	Q_2^{n+1}	Q_1^{n+1}	Q_0^{n+1}
0	0	0	0					
0	0	0	1					
0	0	1	0					
0	0	1	1					
0	1	0	0					
0	1	0	1					
0	1	1	0					
0	1	1	1					
1	0	0	0					
1	0	0	1					

六、实验注意事项

（1）组合逻辑电路的输出具有立即性，即在输入发生变化时，输出立即变化，实际电路中还要考虑元器件和导线产生的延时。

（2）组合逻辑电路设计时应尽量避免直接或间接的反馈，以免出现不确定的状态或形成振荡。

（3）应避免使用组合逻辑电路直接产生时钟信号，也应避免将组合逻辑电路的输出作为另一个电路的异步控制信号，以避免竞争-冒险现象。

七、Multisim 参考仿真图

利用清零端的反馈式计数器的 Multisim 参考仿真图、利用预置数端的反馈式计数器的 Multisim 参考仿真图分别如图 3-10-4、图 3-10-5 所示。

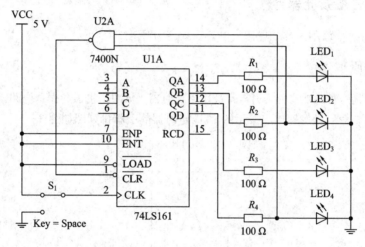

图 3-10-4　利用清零端的反馈式计数器的 Multisim 参考仿真图

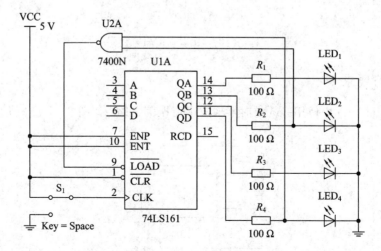

图 3-10-5　利用预置数端的反馈式计数器的 Multisim 参考仿真图

实验十一　　555 定时器及其应用

一、实验目的

（1）熟悉并掌握 555 定时器的功能。
（2）了解由 555 定时器构成的多谐振荡器和单稳态触发器功能
的测试。

555 定时器及其应用

二、实验设备及元器件

555 定时器、双踪示波器、电阻、电容、数字万用表。

三、实验原理

555 定时器是一种集成电路芯片，常被用于定时器、脉冲产生器和振荡电路。555 定时器可作为电路中的延时器、触发器或起振元件。555 定时器的引脚排列图如图 3 - 11 - 1 所示。

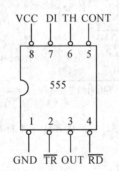

图 3 - 11 - 1　555 定时器的引脚排列图

四、预习要求

（1）在 Multisim 中使用 555 定时器构成多谐振荡电路，如图 3 - 11 - 2 所示。

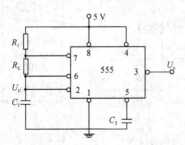

图 3 - 11 - 2　用 555 定时器构成的多谐振荡电路

电路中的元器件参数：

$$C_1 = 10\ \mu\text{F},\ C_2 = 0.01\ \mu\text{F},\ R_1 = 5.1\ \text{k}\Omega,\ R_2 = 5.1\ \text{k}\Omega$$

观测 U_c 和 U_o 的波形，测定频率。

（2）在 Multisim 中用 555 定时器构成单稳态触发器，如图 3-11-3 所示。

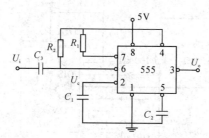

图 3-11-3 用 555 定时器构成的单稳态触发器

电路中的元器件参数：

$$C_1 = 4.7\ \mu\text{F},\ C_2 = 0.01\ \mu\text{F},\ C_3 = 0.47\ \mu\text{F},$$
$$R_1 = 100\ \text{k}\Omega,\ R_2 = 5.1\ \text{k}\Omega$$

由单脉冲提供输入信号 U_i，用双踪示波器观测 U_i 和 U_o 波形，测量幅度与脉宽。

五、实验内容

（1）按图 3-11-2 所示连接好电路，用双踪示波器观测 U_c 和 U_o 的波形，测定频率（或周期）。

（2）按图 3-11-3 所示连接好电路，输入信号 U_i 由单脉冲提供，用双踪示波器观测 U_i 和 U_o 波形，测量幅度与脉宽（暂稳态时间）。

六、实验注意事项

（1）供电电压为 4.5 V～16 V。

（2）请勿将集成块接反。

七、Multisim 参考仿真图

用 555 定时器构成的多谐振荡电路、单稳态触发器的 Multisim 参考仿真图分别如图 3-11-4、图 3-11-5 所示。

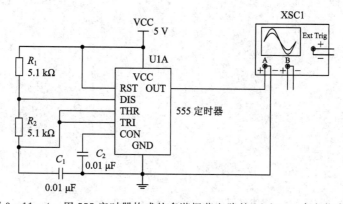

图 3-11-4 用 555 定时器构成的多谐振荡电路的 Multisim 参考仿真图

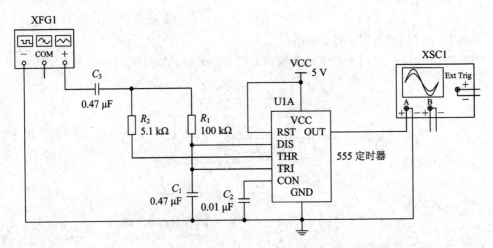

图 3 - 11 - 5　用 555 定时器构成的单稳态触发器的 Multisim 参考仿真图

第四部分

电子线路课程设计参考实例

设计一　　2011 年全国大学生电子设计竞赛综合测评 ——集成运算放大器的应用

一、任务与要求

使用一个通用四运放 LM324 芯片构成的电路框图如图 4-1-1(a)所示。电路实现下述功能。使用低频信号源产生 $u_{i1}=0.1\sin2\pi f_0 t$(单位为 V)，$f_0=500$ Hz 的正弦波信号，加至加法器的输入端，加法器的另一个输入端加由自制振荡器产生的信号 u_{o1}、u_{o2} 的波形，如图 4-1-1(b)所示，$T_1=0.5$ ms，并允许有±5％的误差。

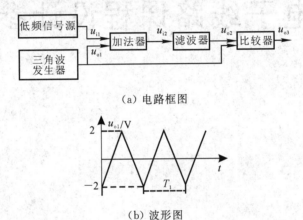

（a）电路框图

（b）波形图

图 4-1-1　任务解析电路框图和波形图

图中要求加法器的输出电压 $u_{i2}=10u_{i1}+u_{o1}$。u_{i2} 经选频滤波器滤除 u_{o1} 频率分量，选出信号 u_{o2}，u_{o2} 是峰-峰值为 9 V 的正弦信号，用示波器观察无明显失真。u_{o2} 信号再经比较器后，在 1 kΩ 负载上得到峰-峰值为 2 V 的输出电压 u_{o3}。

电源只能选用 12 V 和 15 V 两种单电源，由稳压电源供给。不得使用额外电源和其他型号的运算放大器。

要求预留 u_{i1}、u_{i2}、u_{o1}、u_{o2} 和 u_{o3} 的测试端子。

二、LM324 集成运算放大器简介

LM324 集成运算放大器属于通用四运放集成电路。LM324 的引脚排列图如图 4-1-2所示。其极限参数、主要技术指标如下：

(1) 双电源供电：±16 V。

(2) 单电源供电：32 V。

(3) 差分输入电压：$U_{ID}=±3.2$ V。

(4) 单端输入电压：-0.3 V～$+32$ V。

(5) 最大失调电流: 50 nA。

(6) 最大失调电压: 7 mA。

(7) 增益带宽: 1.2 MHz。

(8) 典型压摆率: 0.5 V/μs。

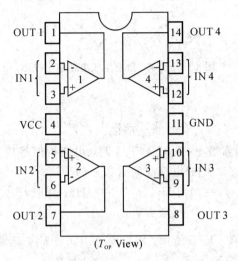

图 4-1-2 LM324 的引脚排列图

三、单元电路设计

1. 三角波生成器设计

根据题目要求, 三角波如图 4-1-1(b) 所示。其峰-峰值电压 $U_{\text{p-p}} = 4$ V, 则

$$T_1 = 0.5 \text{ ms}, \quad f_1 = \frac{1}{T_1} = \frac{1}{0.5 \times 10^{-3}} = 2 \text{ kHz}$$

三角波生成电路 (或称为产生电路) 如图 4-1-3 所示, 输出波形如图 4-1-4 所示。

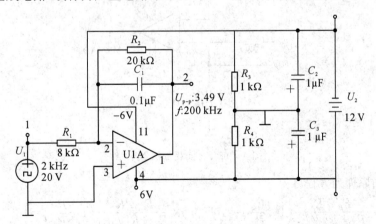

图 4-1-3 三角波生成电路

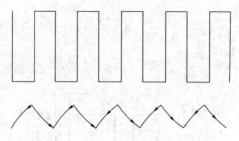

图 4-1-4　三角波生成电路输出波形

由图 4-1-3 可知

$$u_{o1} = -\frac{1}{R_1 C_1}\int_0^{\pm} u(t)\,\mathrm{d}t$$

当 $f \gg f_c$ 或电路时间常数 $\tau = R_1 C_1 \ll T/2$ 时，电路近似等效为反相比例运算放大器电路，其增益为 R_2/R_1。当 $f \ll f_c$ 或电路时间常数 $\tau = R_1 C_1 \gg T/2$ 时，电路起积分作用。

实际取 $f \gg 10 f_c$，$f = f_0 = 2000\ \mathrm{Hz}$；$f_c < 2000\ \mathrm{Hz}$；现取 $C_1 < 0.1\ \mu\mathrm{F}$，则有 $R_1 = 8\ \mathrm{k\Omega}$。

2. 同相加法器设计

同相加法器电路如图 4-1-5 所示。根据 $u_{i2} = 10 u_{i1} + u_{o1}$，选取 $R_F = 10\ \mathrm{k\Omega}$，$R_3 = 910\ \Omega$，则电位器的电阻取值计算如下：

$$R_N = R_3 /\!/ R_F = \frac{R_3 R_F}{R_3 + R_F} = \frac{10 \times 0.91}{10 + 0.91} \approx 0.834\ \mathrm{k\Omega}$$

$$1 + \frac{R_F}{R_3} = 1 + \frac{10}{0.19} \approx 12$$

$$R_P = R_1 /\!/ R_2 /\!/ R_4 = \frac{R_1 R_2 R_4}{R_1 R_2 + R_1 R_4 + R_2 R_4} = R_N = 0.834\ \mathrm{k\Omega} \tag{1.1}$$

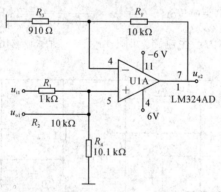

图 4-1-5　同相加法器电路

利用叠加原理列方程可得

$$u_{i1}\frac{R_2 /\!/ R_4}{R_1 + R_2 /\!/ R_4}\left(1 + \frac{R_F}{R_3}\right) = 10 U_{i1},\ u_{o1}\frac{R_2 /\!/ R_4}{R_2 + R_1 /\!/ R_4}\left(1 + \frac{R_F}{R_3}\right) = 10 U_{o1}$$

$$\frac{R_2 R_4}{R_1 R_2 + R_1 R_4 + R_2 R_4} = \frac{10}{12} \tag{1.2}$$

$$\frac{R_1 R_4}{R_1 R_2 + R_1 R_4 + R_2 R_4} = \frac{1}{12} \tag{1.3}$$

解由式(1.1)、式(1.2)和式(1.3)组成的方程组,可得

$$R_1 = 1.008 \text{ k}\Omega \approx 1 \text{ k}\Omega$$
$$R_2 = 10.08 \text{ k}\Omega \approx 10 \text{ k}\Omega$$
$$R_4 = 10.08 \text{ k}\Omega \approx 10 \text{ k}\Omega$$

需要注意的是,对单电源供电处理方法有两种:

(1) 浮地法:电源的地是悬浮的,不与线路板的地线相连,这样将单电源变成双电源使用,使设计简化了许多,如图 4-1-5 所示。

(2) 重构直流工作点:尽管采用了单电源供电,但此时 LM324 的 $U_{SS} = 0$ V,运放的直流工作点要重新建立,即运放两个输入端的直流工作点应保证在 $U_{CC}/2$ 左右。

3. 带通滤波器设计

带通滤波器电路如图 4-1-6 所示。

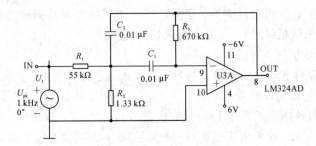

图 4-1-6 带通滤波器电路

带通滤波器电路的幅频、相频特性如图 4-1-7 所示。

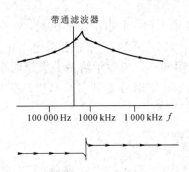

图 4-1-7 带通滤波器电路的幅频、相频特性

4. 比较器设计

比较器电路如图 4-1-8 所示。

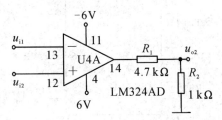

图 4-1-8 比较器电路

设计二　2013 年全国大学生电子设计竞赛综合测评
——波形生成器

一、任务与要求

使用题目指定的综合测试板上的 555 定时器芯片和一个通用四运放 LM324 芯片，设计制作一个频率可变的，同时输出脉冲波、锯齿波、正弦波 I、正弦波 II 等波形的产生电路(或称为生成电路)。给出设计方案、详细电路图和现场自测数据波形(一律手写，3 位同学签字，注明综合测试板编号)，与综合测试板一同上交。

设计制作要求如下：

(1) 同时四通道输出，每通道输出脉冲波、锯齿波、正弦波 I、正弦波 II 中的一种，每通道输出的负载电阻均为 600 Ω。

(2) 4 种波形的频率关系为 1∶1∶1∶3(三次谐波)：脉冲波、锯齿波、正弦波 I 输出频率范围为 8 kHz～10 kHz，输出电压幅度峰-峰值为 1 V；正弦波 II 输出频率范围为 24 kHz～30 kHz，输出电压幅度峰-峰值为 9 V；脉冲波、锯齿波和正弦波输出波形应无明显失真(使用示波器测量时)。频率误差不大于 10%，通带内输出电压幅度峰-峰值误差不大于 5%。脉冲波占空比可调整。

(3) 电源只能选用＋10 V 单电源，由稳压电源供给，不得使用额外电源。

(4) 要求预留脉冲波、锯齿波、正弦波 I、正弦波 II 和电源的测试端子。

(5) 每通道输出的负载电阻 600 Ω 应标示清楚并置于明显位置，便于检查。

需要注意的是，不能外加 555 定时器芯片和 LM324 芯片，不能使用除综合测试板上的芯片外的其他任何元器件或芯片。

二、555 定时器芯片介绍

555 定时器芯片的引脚排列图如图 4－2－1 所示，555 定时器时基电路的真值表如表 4－2－1所示。

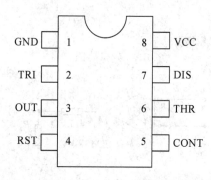

图 4－2－1　555 定时器芯片引脚排列图

表 4 - 2 - 1　555 定时器时基电路的真值表

引脚	低触发端 TRI(2 脚)	高触发端 THR(6 脚)	强制复位端 RST(4 脚)	输出端 OUT(3 脚)	放电端 DIS(7 脚)
电平高低	不大于 $1/3V_{DD}$	任意	高	高(置位)	悬空(置位)
	大于 $1/3V_{DD}$	不小于 $2/3V_{DD}$		低(复位)	低(复位)
	大于 $1/3V_{DD}$	大于 $2/3V_{DD}$		维持原电平不变	与 3 脚相同
	任意	任意	低(不大于 0.4 V)	低	低
$Q^{n+1} = \overline{\overline{S}} + \overline{R}Q^n$					

三、单元电路设计

波形生成器电路框图如图 4 - 2 - 2 所示。

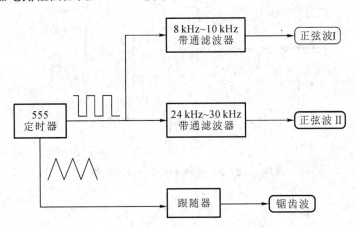

图 4 - 2 - 2　波形生成器电路框图

四、脉冲波生成器

脉冲波生成器设计电路如图 4 - 2 - 3 所示。其电容充放电和输出电压波形如图 4 - 2 - 4 所示。由脉冲波生成器的原理可得

$t_1 = 0.693, \tau_1 = 0.693(R_{P1} + R_{P2})C$

$t_2 = 0.693, \tau_2 = 0.693R_{P2}C, T = t_1 + t_2 = 0.693(R_{P1} + 2R_{P2})C$

振荡频率 $f = 1/T$，即

$$f = \frac{1.443}{(R_{P1} + 2R_{P2})C} \quad (\text{Hz})$$

占空比为

$$D = \frac{t_1}{T} = \frac{R_{P1} + R_{P2}}{R_{P1} + 2R_{P2}}$$

当 $R_{P1} \ll R_{P2}$ 时，$D \approx 50\%$，即输出振荡波形为方波。

根据题意，脉冲波的频率范围为 8 kHz～10 kHz，则有

$$(R_{P1}+2R_{P2})C=\frac{1.443}{f}=\frac{1.443}{8000\sim10\,000}=0.180\text{ ms}\sim0.1443\text{ ms}$$

取 $C=0.01\ \mu\text{F}$，则有 $R_{P1}+2R_{P2}=18\text{ k}\Omega\sim14.43\text{ k}\Omega$。

为了尽量使占空比 $O=50\%$，取 $R_{P1}=200\ \Omega$，则 $2R_{P2}=17.8\text{ k}\Omega\sim14.23\text{ k}\Omega$，可得 $R_{P2}=8.9\text{ k}\Omega\sim7.11\text{ k}\Omega$。因此，选取 R_{P2} 为 10 kΩ 电位器。

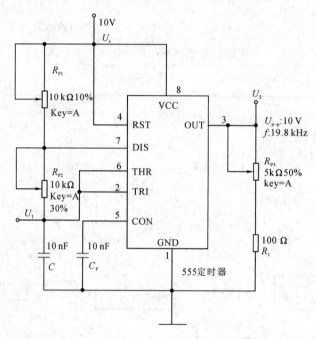

图 4 - 2 - 3　脉冲波生成器设计电路

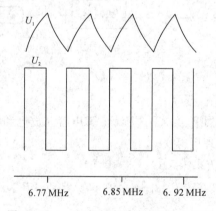

图 4 - 2 - 4　电容充放电和输出电压波形

五、锯齿波产生电路设计

锯齿波产生电路的两种方案论证如下：

（1）采用锯齿波生成器电路。锯齿波生成器电路和锯齿波生成器输出波形分别如图 4 - 2 - 5 和图 4 - 2 - 6 所示。该方案容易生成不失真的锯齿波，但必须增加 VD₁ 和 VD₂ 这

两个元器件。这不符合题目要求,因此不能采用此方案。

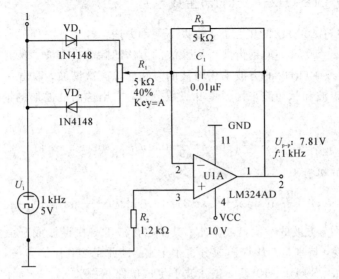

图 4-2-5　锯齿波生成器电路(方案一)

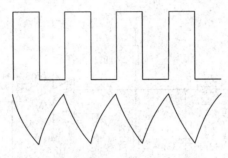

图 4-2-6　锯齿波生成器输出波形

(2) 直接采用 555 定时器电路,其产生锯齿波的电路和波形分别如图 4-2-3 和图 4-2-4 所示,在经过跟随器输出后输出波形。该方案锯齿波有点失真,但失真不明显。锯齿波生成器跟随器电路如图 4-2-7 所示。

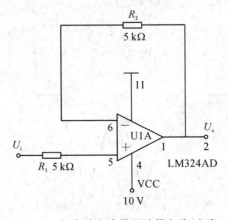

图 4-2-7　锯齿波生成器跟随器电路(方案二)

六、正弦波Ⅰ(8 kHz～10 kHz)生成电路

要生成 8 kHz～10 kHz 的正弦波,有以下两种方法:

(1) 对 8 kHz～10 kHz 的锯齿波采用滤波的方法滤除高次谐波,取出一次谐波。

(2) 对 8 kHz～10 kHz 的方波采用滤波的方法滤除高次谐波,取出一次谐波。

我们可对锯齿波和脉冲波采用傅里叶级数分解,求出这两种波形的谐波成分。锯齿波的傅里叶级数为

$$u(t) = \frac{8U_m}{\pi^2}\left(\sin\omega t - \frac{1}{9}\sin 3\omega t + \frac{1}{25}\sin 5\omega t + \cdots\right)$$

方波的傅里叶级数为

$$u(t) = \frac{4U_m}{\pi}\left(\sin\omega t + \frac{1}{3}\sin 3\omega t + \frac{1}{5}\sin 5\omega t + \frac{1}{7}\sin 7\omega t + \cdots\right)$$

仿真结果表明,方波的一次谐波丰富。其中锯齿波的一次谐波成分虽然不如方波那么丰富,但依旧可观,特别是 3 次谐波成分也很丰富。因此直接利用锯齿波,通过滤波取出 1 次谐波或 3 次谐波。8 kHz～10 kHz 正弦波Ⅰ生成电路如图 4-2-8 所示。正弦波生成器的输出波形如图 4-2-9 所示。

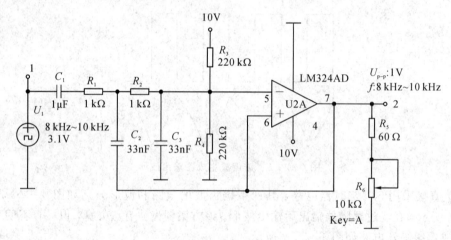

图 4-2-8　8 kHz～10 kHz 正弦波Ⅰ生成电路

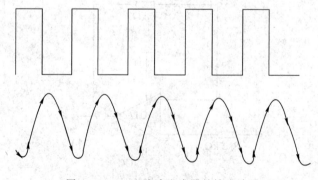

图 4-2-9　正弦波生成器的输出波形

七、正弦波Ⅱ(24 kHz～30 kHz, $U_{p-p}=9$ V)产生电路

将锯齿波(8 kHz～10 kHz)通过有源带通滤波器(24 kHz～30 kHz)，分别取出 3 次谐波。24 kHz～30 kHz 正弦波Ⅱ产生电路如图 4-2-10 所示。

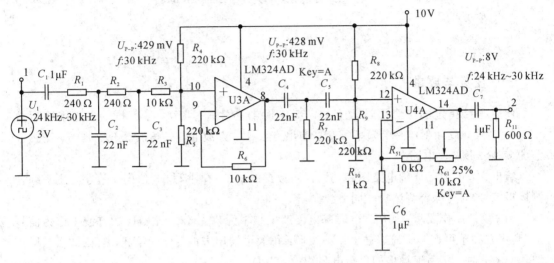

图 4-2-10　24 kHz～30 kHz 正弦波Ⅱ产生电路

设计三　2015 年全国大学生电子设计竞赛综合测评
——多种波形产生电路

一、任务与要求

使用题目指定的综合测试板上的 555 定时器芯片、74LS74 芯片和一个通用四运放 LM324 芯片,设计制作一个频率可变且输出方波Ⅰ、方波Ⅱ、三角波、正弦波Ⅰ、正弦波Ⅱ的多种波形产生电路。

给出方案设计、详细电路图和现场自测数据波形(一律手写,3 位同学签字,注明综合测试板编号),与综合测试板一同上交。

(1)设计制作要求:使用 555 时基电路产生频率为 20 kHz~50 kHz 的方波Ⅰ作为信号源:利用方波Ⅰ可在 4 个通道输出 4 种波形:每通道输出方波Ⅱ、三角波、正弦波Ⅰ、正弦波Ⅱ中的一种,每通道输出的负载电阻均为 600 Ω。

(2)5 种波形的参数要求如下:

① 使用 555 时基电路产生频率在 20 kHz~50 kHz 范围内连续可调,输出电压峰-峰值为 1 V 的方波Ⅰ。

② 使用 74LS74 产生频率在 5 kHz~10 kHz 范围内连续可调,输出电压峰-峰值为 1 V 的方波Ⅱ。

③ 使用 74LS74 产生频率在 5 kHz~10 kHz 范围内连续可调,输出电压峰-峰值为 3 V 的三角波。

④ 产生输出频率在范围 10 kHz~30 kHz 内连续可调,输出电压峰-峰值为 3 V 的正弦波Ⅰ。

⑤ 产生输出频率为 250 kHz,输出电压峰-峰值为 8 V 的正弦波Ⅱ。

方波、三角波和正弦波输出波形应无明显失真(使用示波器测量时)。频率误差不大于 5%,通带内输出电压误差不大于 5%。

(3)电源只能选用+10 V 单电源,由稳压电源供给,不得使用额外电源。

(4)要求预留方波Ⅰ、方波Ⅱ、三角波、正弦波Ⅰ、正弦波Ⅱ和电源的测试端子。

(5)每通道输出的负载电阻 600 Ω 应表示清楚并置于明显位置,便于检查。

需要注意的是,不能外加 555 定时器、74LS74 和 LM324 芯片,不能使用除综合测试板上的芯片外的其他任何元器件或芯片。

二、74LS74 集成芯片介绍

74LS74、555 定时器和 LM324 芯片的封装图如图 4-3-1 所示。74LS74 集成芯片的引脚排列图、内部原理框图分别如图 4-3-2、图 4-3-3 所示。74LS74 各引脚的功能如表 4-3-1 所示。

　　(a) 74LS74　　　　　　(b) 555定时器　　　　(c) LM324

图 4 - 3 - 1　74LS74、555 定时器和 LM324 芯片的封装图

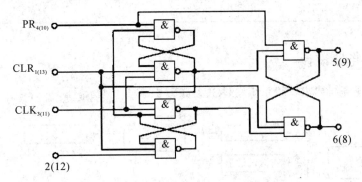

图 4 - 3 - 2　74LS74 集成芯片的引脚排列图

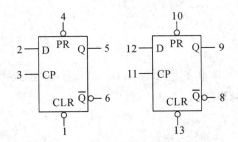

图 4 - 3 - 3　74LS74 集成芯片的内部原理框图

表 4 - 3 - 1　74LS74 各引脚的功能

引脚号	引脚代码	引脚功能	参数	备　注
1	CLR_1	复位信号	9.10/4.38	
2	D_1	触发信号	∞/4.71	
3	CK_1	时钟信号	9.10/4.91	
4	PR_1	控制信号	∞/4.68	1. 集成块为 14 脚封装
5	Q_1	同相位输出	3.71/3.00	2. 电源：14 脚为 5 V
6	$\overline{Q}_1$	反相位输出	∞/6.28	3. 复位：1 脚、13 脚
7	GND	地	0/0	4. 主要用途：双 D 触发器
8	$\overline{Q}_2$	反相位输出	∞/6.28	
9	Q_2	同相位输出	3.71/3.00	

续表

引脚号	引脚代码	引脚功能	参数	备 注
10	PR$_2$	控制	0.21/0.21	1. 集成块为 14 脚封装
11	CLK$_2$	时钟信号	∞/4.20	2. 电源：14 脚为 5 V
12	D_2	触发信号	0.33/0.33	3. 复位：1 脚、13 脚
13	CLR$_2$	复位信号	9.10/4.38	4. 主要用途：双 D 触发器
14	VCC	电源		

三、单元电路设计

根据题目任务与要求，其系统总体框图如图 4-3-4 所示。

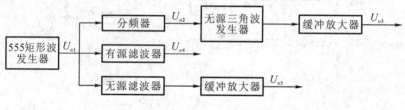

图 4-3-4　系统总体框图

1. 方波 Ⅰ 产生电路

使用 555 时基电路产生频率在范围 20 kHz～50 kHz 内连续可调、输出电压峰-峰值为 1 V 的方波。方波 Ⅰ 生成电路如图 4-3-5 所示。

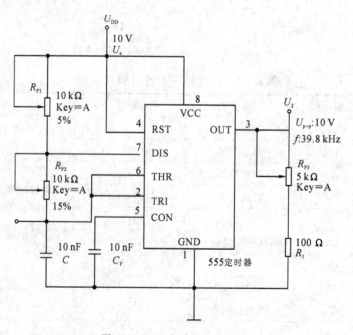

图 4-3-5　方波 Ⅰ 生成电路

由题意得

$$\frac{1}{3}V_{CC} \underset{t_L}{\overset{t_H}{\Leftrightarrow}} \frac{2}{3}V_{CC}$$

$$t_H = 0.693(R_{P1}+R_{P2})C$$

$$t_L = R_{P2}C$$

$$T = t_H + t_L = 0.693(R_{P1}+2R_{P2})C$$

$$f = \frac{1}{T} = \frac{1.44}{(R_{P1}+2R_{P2})C}$$

占空比为

$$D = \frac{t_H}{T} = \frac{R_{P1}+R_{P2}}{R_{P1}+2R_{P2}}$$

当 $R_{P1} \ll R_{P2}$ 时，$D \approx \dfrac{R_{P2}}{2R_{P2}} = \dfrac{1}{2}$，此时输出的波形接近方波。

$C = 0.01\ \mu F$，$R_{P1}+2R_{P2} = 2.8\ k\Omega \sim 7\ k\Omega$，取 $R_{P1} = 200\ \Omega$，$R_{P2} = 1.4\ k\Omega \sim 3.5\ k\Omega$。

2. 方波Ⅱ产生电路

使用数字电路 74LS74 产生频率在范围 5 kHz～10 kHz 内连续可调、输出电压峰-峰值为 1 V 的方波。方波Ⅱ生成电路如图 4-3-6 所示。其时序波形图如图 4-3-7 所示。

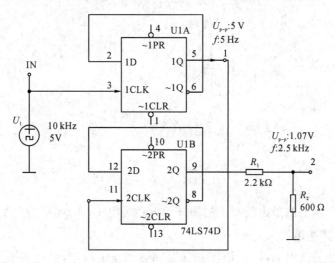

图 4-3-6　方波Ⅱ生成电路

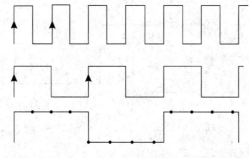

图 4-3-7　方波Ⅱ生成电路的时序波形图

图 4-3-7 所示的波形由上到下的测试点分别是图 4-3-6 中的 IN、1 和 2 端口。

3. 产生三角波

使用数字电路 74LS74 产生频率在范围 5 kHz～10 kHz 内连续可调、输出电压峰-峰值为 3 V 的三角波。

采用有源积分器构成的三角波生成电路如图 4-3-8 所示。其输出波形如图 4-3-9 所示。

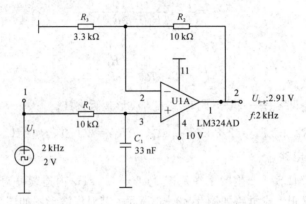

图 4-3-8　三角波生成电路

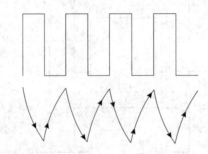

图 4-3-9　三角波生成电路的输出波形

图 4-3-9 所示的波形由上到下的测试点分别是图 4-3-8 中的 1 和 2。

4. 正弦波 I 产生电路

产生输出频率在 20 kHz～30 kHz 内连续可调、输出电压峰-峰值为 3 V 的正弦波 I，其电路图和输出波形分别如图 4-3-10 和图 4-3-11 所示。

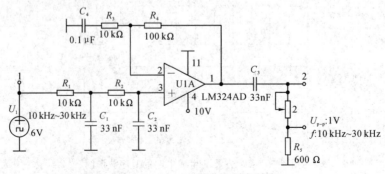

图 4-3-10　正弦波 I 生成电路

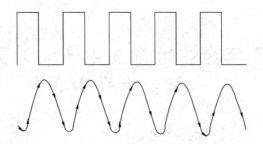

图 4-3-11　正弦波 I 生成电路的输出波形

5. 正弦波 II 产生电路

产生输出频率为 250 kHz、输出电压峰-峰值为 8 V 的正弦波 II，其电路图如图 4-3-12 所示。

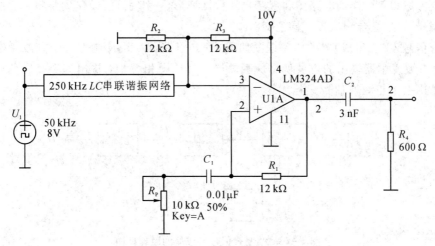

图 4-3-12　正弦波 II 生成电路

设计四　2017 年全国大学生电子设计竞赛综合测评
——复合信号生成器

一、任务与要求

使用题目指定的综合测试板上的两个 READ2302G（双运放）芯片和一个 HD74LS74 芯片设计制作一个复合信号发生器。

给出方案设计、详细电路图和现场自测数据波形（一律手写，3 位同学签字，注明综合测试板编号），与综合测试板一同上交。

复合信号发生（生成）器的原理框图如图 4-4-1 所示。设计制作一个方波发生器输出方波，将方波发生器输出的方波四分频后，与三角波同相叠加，输出一个复合信号，再经滤波器输出一个正弦波信号。

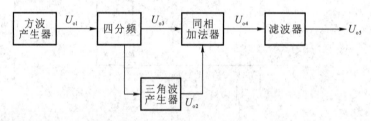

图 4-4-1　复合信号生成器的原理框图

（1）方波生成器输出信号参数要求：峰-峰值 $U_{o1} = 3 \text{ V} \pm 5\%$，$f = 20 \text{ kHz} \pm 100 \text{ Hz}$，波形无明显失真。

（2）四分频方波输出信号参数要求：峰-峰值 $U_{o3} = 1 \text{ V} \pm 5\%$，$f = 5 \text{ kHz} \pm 100 \text{ Hz}$，波形无明显失真。

（3）三角波生成器输出信号参数要求：峰-峰值 $U_{o2} = 1 \text{ V} \pm 5\%$，$f = 5 \text{ kHz} \pm 100 \text{ Hz}$，波形无明显失真。

（4）同相加法器输出复合信号参数要求：峰-峰值 $U_{o4} = 2 \text{ V} \pm 5\%$，$f = 5 \text{ kHz} \pm 100 \text{ Hz}$，波形无明显失真。

（5）滤波器输出正弦波信号参数要求：峰峰值 $U_{o5} = 3 \text{ V} \pm 5\%$，$f = 5 \text{ kHz} + 100 \text{ Hz}$，波形无明显失真。

（6）每个模块的输出负载电阻应标示清楚并置于明显位置，便于检查。

（7）给出方案设计、详细电路图和现场自测数据波形（一律手写，3 位同学签字，注综合测试板编号），与综合测试板一同上交。

（8）电源只能选用 5 V 单电源，由稳压电源供给，不得使用额外电源。

（9）要求预留方波U_{o1}四分频后方波U_{o3}、三角波U_{o2}、同相加法器输出复合信号U_{o4}、滤波器输出正弦波U_{o5}和 5 V 单电源的测试端子。

需要注意的是，不能外加 READ2302G 和 HD74LS74 芯片，不能使用除综合测评板上的芯片外的其他任何元器件或芯片，不允许参赛队更换综合测评板。READ2302G 的引脚排列图如图 4-4-2 所示。

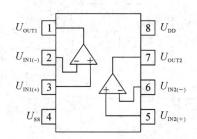

图 4-4-2 READ2302G 的引脚排列图

二、READ2302G 集成芯片介绍

READ2302G 的内部原理图如图 4-4-3 所示。

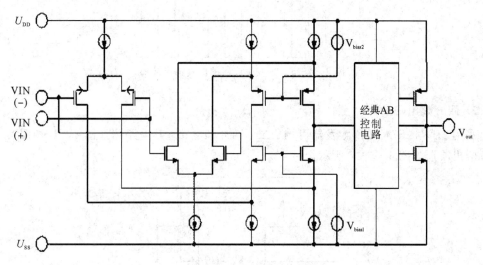

图 4-4-3 READ2302G 的内部原理图

三、单元电路设计

1. 方波生成器设计

利用运算放大器 READ2302G 构建方波发生器，其原理图、仿真输出波形图分别如图 4-4-4 和图 4-4-5 所示。

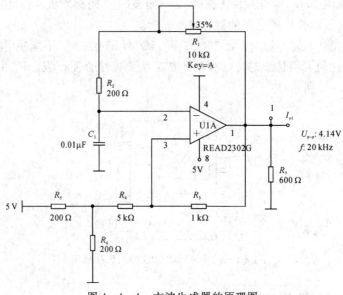

图 4 - 4 - 4　方波生成器的原理图

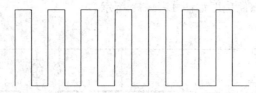

图 4 - 4 - 5　方波生成器的仿真输出波形

2. 四分频电路设计

采用 HD74LS74 双 D 触发器可构成二、四分频电路,其电路图如图 4 - 4 - 6 所示。其仿真输出波形如图 4 - 4 - 7 所示。

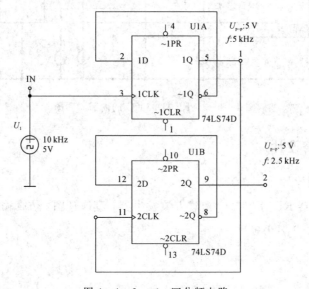

图 4 - 4 - 6　二、四分频电路

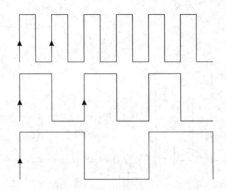

图 4 - 4 - 7　二、四分频电路的仿真输出波形

3. 三角波生成器设计

采用双运放 READ2302G 的三角波生成器电路如图 4 - 4 - 8 所示。其仿真输出波形如图 4 - 4 - 9 所示。

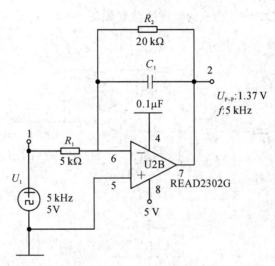

图 4 - 4 - 8　三角波生成器电路

4. 同相加法器设计

采用双运放 READ2302G 构成的同相加法器电路如图 4 - 4 - 10 所示。则有

$$U_{o4} = R_F \left(\frac{U_{o2}}{R_2} + \frac{U_{o3}}{R_1} \right)$$

条件为：$R_P = R_W$，$R_P = R_1 // R_2 // R_3 = 3.3 \text{ k}\Omega$，$R_N = R_4 // R_F = 5 \text{ k}\Omega$，设 $R_1 = R_2 = R_4 = 10 \text{ k}\Omega$，有

$$u_{oP} = \frac{1}{3} (U_{o2} + U_{o3})$$

$$\begin{cases} 1 + \dfrac{R_F}{R_3} = 3 \\ \dfrac{R_3 R_F}{R_3 + R_F} = 3 \end{cases}$$

解此方程组可得 $R_F = 10 \text{ k}\Omega$，$R_3 = 5 \text{ k}\Omega$。

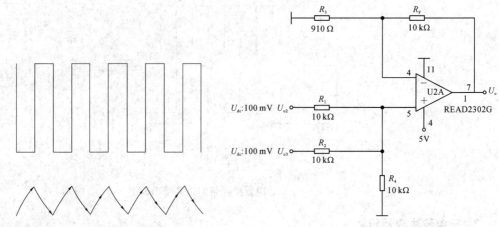

图 4 - 4 - 9　三角波生成器的仿真输出波形　　　　图 4 - 4 - 10　同相加法器电路

5. 滤波器设计

采用双运放 READ2302G 构成的带通滤波器如图 4 - 4 - 11 所示。其幅频特性仿真曲线如图 4 - 4 - 12 所示。

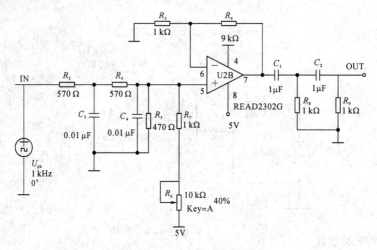

图 4 - 4 - 11　带通滤波器电路

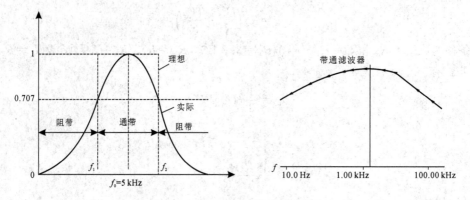

图 4 - 4 - 12　幅频特性仿真曲线

设计五 2019 年全国大学生电子设计竞赛综合测评 ——多路信号发生器

一、任务与要求

用综合测评板上的 1 片 LM324AD（四运放）和 1 片 SN74LS00D（四与非门）芯片设计制作一个多路信号发生器，如图 4-5-1 所示。图中，U_{o1} 为方波，U_{o2} 为占空比连续可调窄脉冲，U_{o3} 为正弦波，U_{o4} 为余弦波。设计报告应给出方案设计、详细电路图、参数计算和现场自测数据波形。

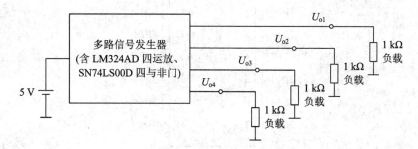

图 4-5-1 多路信号发生器

约束条件如下：

（1）1 片 SN74LS00D 四与非门芯片（综合测评板上自带）。

（2）1 片 LM324AD 四运算放大器芯片（综合测评板上自带）。

（3）指定的电阻、电容、可变电阻元件（数量不限、参数不限）。

（4）指定的直流电源。

实验任务及指标要求如下：

利用综合测评板和若干电阻、电容元件，设计制作电路产生下列四路信号：

（1）频率为 19 kHz～21 kHz 连续可调的方波脉冲信号，幅度不小于 3.2 V。

（2）与方波同频率的正弦波信号，输出电压失真度不大于 5%，峰-峰值（U_{p-p}）不小于 1 V。

（3）与方波同频率占空比为 5%～15% 连续可调的窄脉冲信号，幅度不小于 3.2 V。

（4）与正弦波正交的余弦波信号，相位误差不大于 5°，输出电压峰-峰值（U_{p-p}）不小于 1 V。

各路信号输出必须引至测评板的标注位置并均需接 1 kΩ 负载电阻（R_L），要求在引线贴上所属输出信号的标签，便于测试。

二、集成芯片介绍

74LS00 及 LM324 的引脚排列图分别如图 4-5-2 与图 4-5-3 所示。

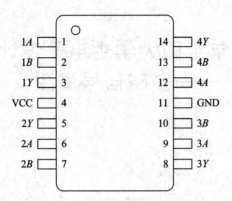

图 4 - 5 - 2　74LS00 的引脚排列图

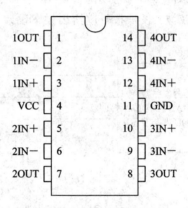

图 4 - 5 - 3　LM324 的引脚排列图

三、电路设计

1. 题目分析

首先,对于方波的产生,它可以直接利用自激振荡的方式。如果已经产生了较好的正弦波或三角波,则可以通过比较器将其重新整形为方波。而对于窄脉冲的产生,同样可以利用自激振荡的方式,但是需要重新改变回路参数(如 R 或 RC 的比例)来得到不同的占空比。另外,如果利用比较器的方式产生,则需要调整比较器的阈值来得到不同的占空比输出。

其次,对于正弦波的产生,同样也可以利用自激振荡的方式,但是如果对方波和三角波进行傅里叶展开,可发现有很多的频率分量,那么就可以通过滤波器直接选出所需要的频率,通常我们用低通滤波器来得到其基波。对于余弦波的产生,也可以利用自激振荡的方式。但是我们注意到,正弦波和余弦波仅仅相差一个 90°的附加相移,因此可以利用已经产生的正弦波,通过移相的方式来得到所需要的余弦波。需要注意的是,4 个波形不一定要完全独立产生。在方波与正弦波、方波与窄脉冲、余弦波与正弦波之间可以进行相互转换。例如,方波到正弦波的转换,可以利用低通滤波器产生。正弦波到方波的转换,则可以直接通过比较器来得到。该电路的整体设计思路如图 4 - 5 - 4 所示。

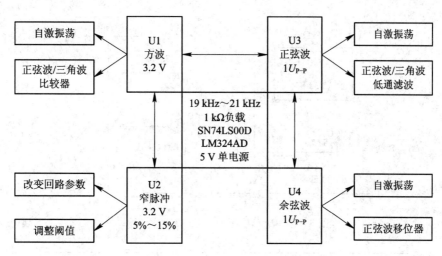

图 4-5-4　整体设计思路

2. 实现方案

两种不同的实现方案如下：

实现方案一（如图 4-5-5 所示）是先产生一路方波，然过低通滤波器产生正弦波，通过移相器产生余弦波，通过比较器产生窄脉冲信号。

实现方案二（如图 4-5-6 所示）是先产生一路正弦波，通过两个不同的比较器产生方波和窄脉冲信号，通过移相器产生余弦波。这两种方案均可以只使用运放来实现。本设计中提到的 74LS00 则通常用来完成整形的过程，这样我们得到的方波的上升沿和下降沿更加的陡峭。

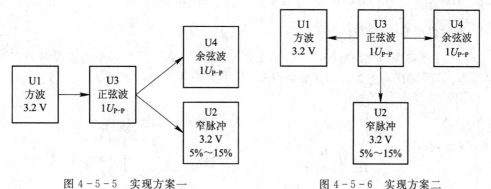

图 4-5-5　实现方案一　　　　　　　　　图 4-5-6　实现方案二

3. 单电源振荡器电路设计

最基本的单电源振荡器是文氏桥振荡器，通常要求 $R_1 = R_2 = R$，$C_1 = C_2 = C$，该电路发生振荡后，它的频率为 $1/(2\pi RC)$。通过调整 R_1 或 R_2 的值，则可以调整它的输出频率。该电路能够输出较好的正弦波，其原理图和仿真输出波形分别如图 4-5-7 和图 4-5-8 所示。

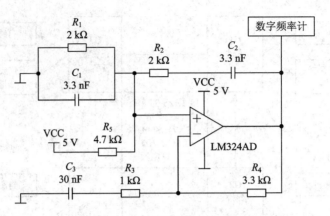

图 4 - 5 - 7　单电源振荡器电路的原理图

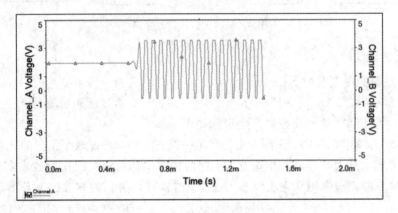

图 4 - 5 - 8　单电源振荡器电路的仿真输出波形

4. 方波发生器电路设计

　　方波发生器电路的输出频率由 RC 充放电时间决定，通过调整 R 的值可以调整方波的输出频率。其原理图和仿真输出波形如图 4 - 5 - 9 和图 4 - 5 - 10 所示。

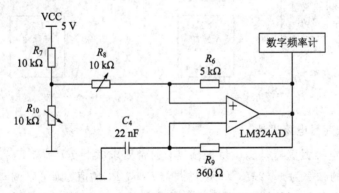

图 4 - 5 - 9　方波发生器电路的原理图

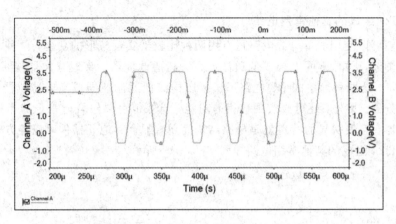

图 4 - 5 - 10　方波发生器的仿真输出波形

5. 方波及三角波输出电路设计

图 4 - 5 - 11 所示的方波及三角波输出电路能够同时输出一路方波以及一路三角波,方波可以直接作为一路输出或者通过滤波后产生正弦波;三角波可以通过比较器来产生窄脉冲,同时也可以在滤波后产生正弦波。其仿真输出波形如图 4 - 5 - 12 所示。

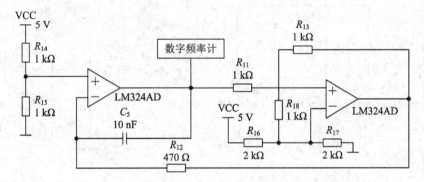

图 4 - 5 - 11　方波及三角波输出电路的原理图

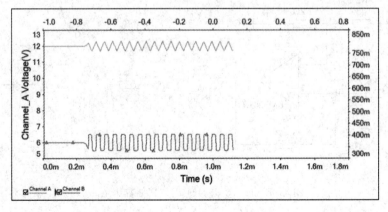

图 4 - 5 - 12　方波及三角波输出电路的仿真输出波形

6. LM324 组成的其他常用电路

通常我们可以使用的单电源电路还有用两种比较器实现整形的功能，两种放大器可实现对幅度的调节，同时还可以构成低通滤波器、高通滤波器、带通滤波器或带阻滤波器。值得注意的是，这两种简单的 RC 电路不仅可以构成低通滤波器或高通滤波器，同时还是积分器和微分器。另外，还可以实现移相的功能，当然也可以组合起来形成带通滤波器或者带阻滤波器，其最明显的特点就是电路结构简单，配合其他元器件可以很方便地实现各种功能。LM324 组成的其他常用电路如图 4 - 5 - 13 所示。

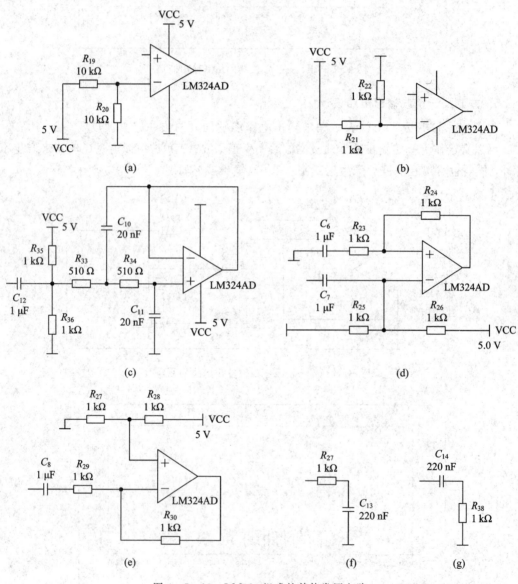

图 4 - 5 - 13　LM324 组成的其他常用电路

设计六　　NE555 流水灯电路设计

一、设计题目

基于 NE555 的流水灯电路设计。

二、设计任务与要求

本次设计要求同学们按照设计要求自主设计电路原理图，设计一个基于 NE555 的频率可调的流水灯电路。具体要求如下：

（1）设计并制作一个基于 NE555 的流水灯电路，并能够调节流水灯的频率。

（2）根据设计要求，确定电路方案，使用 Multisim 软件进行电路仿真，并分析电路原理、功能及元器件参数选择。

（3）仿真正确后，使用 Altium Designer 软件绘制电路原理图和 PCB 图。

（4）制作并焊接电路。

（5）按规定格式撰写课程设计报告。

（6）若有问题及时找指导老师解答。

三、设计方案及原理

1. 总体设计方案及框图

NE555 流水灯电路设计框图如图 4 - 6 - 1 所示。其电路由三部分组成：第一部分（NE555 振荡电路）利用数字电子技术中的 NE555 定时器，设计频率可调的多谐振荡器；第二部分（驱动电路）的 CD4017 提供时钟信号，从而驱动第三部分的 LED 电路；最终使得LED 在驱动电路的作用下随着频率而变化，展示流水效果。为了反映流水灯效果的变化，应至少采用 10 个以上的 LED。

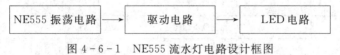

图 4 - 6 - 1　NE555 流水灯电路设计框图

2. 设计原理

NE555 流水灯电路设计原理及参考电路图如图 4 - 6 - 2 所示。

1）NE555 振荡电路原理

在电源接通时，NE555 的 3 脚输出高电平，同时电源通过 R_3、R_2、R_1 向电容 C_2 充电，当 C_2 上的电压到达 NE555 集成电路 6 脚的阈值电压（2/3 电源电压）时，NE555 的 7 脚把电容里的电放掉，3 脚由高电平变成低电平。当电容的电压降到 1/3 电源电压时，3 脚又变为高电平，同时电源再次经 R_3、R_2、R_1 向电容充电。这样周而复始，形成振荡。

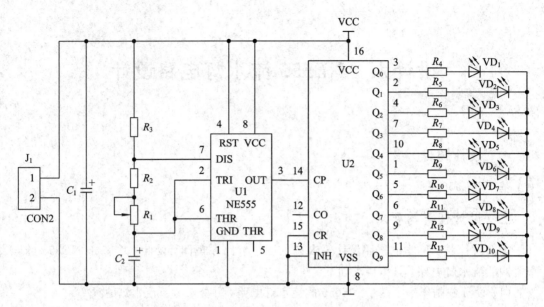

图 4 - 6 - 2　NE555 流水灯电路设计原理及参考电路图

2) CD4017 工作原理

CD4017 为十进制计数器/脉冲分配器。当 INH 为低电平时,计数器在时钟上升沿计数;反之,计数功能无效。当 CR 为高电平时,计数器清零。CD4017 输出高电平的顺序分别是 3、2、4、7、10、1、5、6、9、11 脚,按所示电路的 LED 从上到下依次点亮。需要注意的是:发光方式可按自己的需要进行具体的组合,若要改变彩灯的闪光速度,可改变电容 C_2 的大小。

四、主要元器件清单

元器件及相关耗材清单如表 4 - 6 - 1 所示。

表 4 - 6 - 1　元器件及相关耗材清单

名　称	型号	封装	数量/个
主控 IC	NE555	DIP - 8	1
驱动芯片	CD4017	DIP - 16	1
插件电阻	1/4 W 10 kΩ　DIP	AXIAL - 0.4	1
插件电阻	1/4 W 1 kΩ　DIP	AXIAL - 0.4	11
可调电位器	RM065 φ6 mm,蓝白卧式,504 kΩ	3296W - 1	1
插件 LED	φ3 mm 发光二极管 DIP	DIP - 3	10
电解电容	E-CAP 25V 10 μF ±20% 8×14	RB4/7	2
接线端子	EG128V - 5.0 - 02P	SIP3 - 2.54	1
单面覆铜板	100 mm×50 mm		1
焊锡丝			2 卷

名　称	参　数	封装	数量/个
热转印纸	A4		60 张
细砂纸	A4		5 张
盐酸	500 mL		2 瓶
双氧水	500 mL		2 瓶

五、注意事项

（1）各元器件的正、负极不要接反。例如，流水灯，腿长的一极为正极，腿短的一极是负极；电阻不分正、负极，可直接装好焊接；电容器头上的白色一端为负极，等等。

（2）焊接时不要虚焊，或者焊锡太多。

设计七　基于 CD4060 的彩灯电路设计

一、设计题目

基于 CD4060 的彩灯电路设计。

二、设计任务与要求

本次实验任务如下：

(1) 通过本次课程设计对基于 CD4060 的彩灯电路设计制作有一定的了解。对于所涉及的有关电路方面的知识有更多的了解和认识，从而提高自己对于所学知识的运用能力和加深对知识的掌握程度。

(2) 学会焊接电路板。

(3) 熟悉各电路部分的功能并掌握使用方法。

本次实验要求为：

(1) 初步掌握一般电子电路设计的方法，得到一些工程设计的初步训练，并为以后的毕业设计奠定良好的基础。

(2) 培养自学能力及独立分析问题、解决问题的能力。

(3) 学会查阅资料和手册，学会选用各种电子元器件。

(4) 学会并掌握安装电子线路的基本技能和调试方法，善于在调试中发现问题和解决问题。

(5) 学会撰写课程设计。

三、设计方案及原理

1. 总体设计方案及框图

基于 CD4060 的彩灯电路设计框图如图 4-7-1 所示。其电路由三部分组成：第一部分为 CD4060 振荡电路，利用芯片 CD4060 设计频率可调的振荡器；第二部分为驱动电路，其提供高、低电平 LED 信号；第三部分为 LED 电路，使多个 LED 在驱动电路的作用下随着频率而变化，展示流水效果。

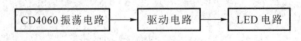

图 4-7-1　基于 CD4060 的彩灯电路设计框图

2. 设计原理

基于 CD4060 的彩灯电路设计原理及参考电路如图 4-7-2 所示。CD4060 由一振荡器和 14 位二进制串行计数器组成，振荡器的结构可以是 RC 或晶振电路，当 12 引脚 RESET 为高电平时，计数器清零且振荡器使用无效。所有的计数器位均为主从触发器。在 CP_1（或

CP$_0$)的下降沿，计数器以二进制进行计数。在时钟脉冲线上使用施密特触发器对时钟上升和下降时间无限制。刚开始通电时，时钟脉冲发生器首先经 12 引脚的电容清零复位，各输出级均为低电平。随着振荡器振荡，输出端 1～7 和 13～15 以二进制形式递进输出，三级发光二极管也随着高、低电平变化而亮灭，当某端输出高电平时，对应组发光二极管灭；当输出低电平时，对应组发光二极管亮。

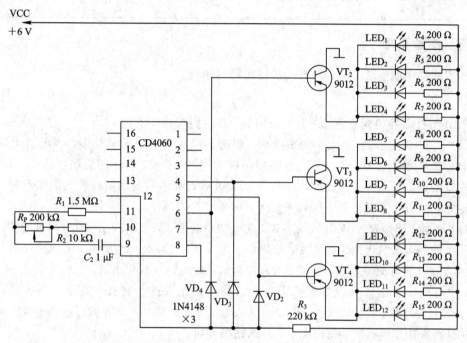

图 4 - 7 - 2　基于 CD4060 的彩灯电路设计原理及参考电路图

四、主要元器件清单

主要元器件清单如表 4 - 7 - 1 所示。

表 4 - 7 - 1　主要元器件清单

名　称	型　号	封　装	数量/个
可调电位器	204	VR5	1
芯片	CD4060	DIP - 16	1
电阻(插针)	1/4W　10 kΩ	AXIAL0.3	1
电阻(插针)	1/4W　220 kΩ	AXIAL0.3	1
贴片电阻	1.5 MΩ	0805	1
电阻(插针)	200 Ω	AXIAL0.3	12
插件 LED	φ5 mm 发光二极管	RB.3/.6	12
二极管	1N4148	DO - 35	3
三极管	9012	TO - 92	3
电解电容	E-CAP 50V 1 μF	RB4/7	1
电源 2P 底座	EG128V - 5.0 - 02P	SIP3 - 2.54	1
单面覆铜板	10 cm×15 cm		1
焊锡丝			1 卷

名　称	型　号	封　装	数量/个
热转印纸	A4		2张
细砂纸	A4		1张
三氯化铁	500g		1瓶
塑料袋			1

五、注意事项

在实际动手制板环节，有以下一些较实用的知识。

1. 制板

PCB图打印好到铜板后，进入制板环节。其主要步骤如下：

(1) 热转印。裁取合适大小的覆铜板，用磨砂纸除去表层的氧化铜，再用透明胶带将PCB转印纸和覆铜板黏合在一起，在热转印机上过2～3遍，热转印机温度为120℃以上。需要注意的是，不要将板子放反，将PCB转印纸有石墨的一面和覆铜板的铜箔贴紧，用胶带固定好，转印之后可将石墨附到铜板上，不要将石墨刮掉。

(2) 腐蚀。配制腐蚀PCB板的溶液：在容器中盐酸、双氧水和水以1:1:4的比例配制。需要注意的是，水的比例少，腐蚀速度快但对电路板不利；水的比例多，腐蚀速度慢。在配制腐蚀溶液时注意配制顺序，先加水，再加盐酸，最后加入双氧水。

(3) 打孔。按照PCB设置的孔大小选取相应的钻头进行打孔。需要注意的是，一般PCB中焊盘80 mil，孔的大小为30 mil，钻头选0.7 mm或0.8 mm均可；上述为常用的钻头，在打特殊用途的孔时，使用1.0 mm的钻头即可。

(4) 去油墨并涂上酒精松香溶液。打完孔后，在流动水下用260目或500目磨砂纸擦拭油墨，将松香打碎研磨后放到酒精中溶解，形成松香酒精溶液，再将其涂到做好的电路板上。

(5) 按照PCB和原理图安装元器件。

2. 焊接

(1) 准备施焊。左手拿焊锡丝，右手握电烙铁，进入备焊状态。要求烙铁头保持干净，无焊渣等氧化物，并在表面镀一层锡。

(2) 加热焊件。烙铁头靠在两焊件的连接处，加热整个焊件全体，时间大约为1 s～2 s。对于在印制板上焊接元器件来说，要注意使烙铁头同时接触焊盘和元器件的引线，这样做是要保证导线与焊盘、导线与接线柱之间同时均匀受热。

(3) 送入焊丝。当焊件的焊接面被加热到一定程度时，焊锡丝从电烙铁对面接触焊件。请注意，不要把焊锡丝送到烙铁头上。

(4) 移开焊丝，最后移开电烙铁。当焊丝熔化到一定量后，立即向左上45°方向移开焊丝。

设计八 竞赛抢答器电路设计

一、设计题目

竞赛抢答器电路设计。

二、设计任务与要求

设计四人智力竞赛抢答器，要求完成以下基本功能：

(1) 每个参赛者控制一个按钮，用按动按钮发出抢答信号。

(2) 竞赛主持人另有一个按钮，用于将电路复位。

(3) 竞赛开始后，先按动按钮者将对应的一个发光二极管点亮，此后其他三人再按动按钮，对电路不起作用。

本次实验要求为：

(1) 根据所学知识和设计内容，确定总体方案，完成电路设计。

(2) 使用 Multisim 软件进行电路仿真，验证所设计的电路。

(3) 仿真正确后，使用 Altium Designer 软件绘制电路原理图和 PCB 图。

(4) 制作并焊接电路。

(5) 使用电子仪器调试电路。

(6) 按规定格式撰写实习报告，并分析电路原理、功能及元器件参数选择。

三、设计方案及原理

1. 总体设计方案及框图

竞赛抢答器电路设计框图如图 4-8-1 所示。其电路由五部分组成：第一部分利用 NE555 芯片设计频率可调的振荡器，为第二部分的驱动电路提供高、低电平的脉冲信号；第三部分为按键电路，控制驱动电路的输出信号；第四部分为 LED 电路，使单个 LED 在按键电路和 NE555 振荡电路的共同作用下，实现 LED 亮灭的抢答效果；第五部分为复位电路，按下复位按键，电路复位，进行下一轮抢答。

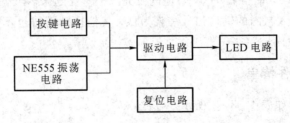

图 4-8-1 竞赛抢答器电路设计框图

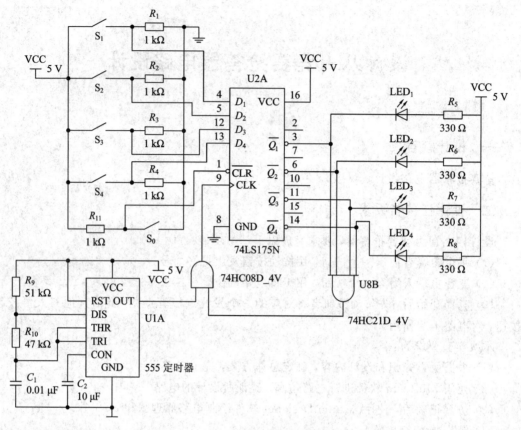

图 4-8-2　竞赛抢答器电路设计原理及参考电路图

2. 设计原理

竞赛抢答器电路设计原理及参考电路如图 4-8-2 所示。其由集成 D 触发器组成，其中 U2A 为四上升沿 D 触发器 74LS175N；S_1、S_2、S_3、S_4 为抢答开关，$\overline{Q}_1 \sim \overline{Q}_4$ 分别接入 4 个 LED 发光二极管；四输入与门 74HC21D，其输入与外接 U1A 的 3 脚同时输入二输入与门 74HC08D，二输入与门的输出接入 74LS175N 的工作脉冲输入端 CLK；S_0 为主持人开关。在进行抢答之前，$S_1 \sim S_4$ 抢答开关全部打开接地，则 $\overline{Q}_1 \sim \overline{Q}_4$ 等于零。由主持人清除信号，按下复位开关 S_0。

当主持人宣布"开始抢答"后，首先做出判断的答题者立即按下抢答开关 $S_1 \sim S_4$，此时开关接通 5 V 电源，电流就会通过开关，进入触发器，整个电路就要工作了。例如，按下 S_1，则 $D_1 = 0$（高电平），使得 $\overline{Q}_1 = 0$，对应的发光二极管亮起来。四输入芯片 74LS175N 的输出为低，经过二输入与门的输出信号一直为低，其他按键再按也不会起作用。直到主持人再次按下 S_0，清除信号。

四、主要元器件清单

主要元器件清单如表 4-8-1 所示。

表 4 - 8 - 1　主要元器件清单

名　称	参　数	封　装	数量/个
主控 IC	NE555 DIP	DIP - 8	1
主控 IC	74LS175N DIP	DIP - 16	1
主控 IC	74HC08D DIP	DIP - 14	1
主控 IC	74HC21D DIP	DIP - 14	1
IC 芯片底座	14 脚	DIP - 14	2
IC 芯片底座	16 脚	DIP - 16	1
IC 芯片底座	8 脚	DIP - 8	1
电容	$10\ \mu F$	RAD0.2	1
电容	$0.01\ \mu F$	RAD0.2	1
插件电阻	1/4W 51 kΩ DIP	AXIAL - 0.4	1
插件电阻	1/4W 47 kΩ DIP	AXIAL - 0.4	1
插件电阻	1/4W 1 kΩ DIP	AXIAL - 0.4	4
插件电阻	1/4W 330 Ω DIP	AXIAL - 0.4	4
插件 LED	5 mm LED 发光二极管 DIP	SIP - 2	4
四脚按键开关	6 mm×6 mm×5 mm		5
5 号电池			3
电池盒	3 节 5 号不带开关盖		1
焊锡丝	500 g，线径为 0.8 mm		1 卷
单面覆铜板	100 mm×100 mm		1
热转印纸	A4		100 张
细砂纸	A4		10 张
盐酸	500 mL		2 瓶
双氧水	500 mL		2 瓶

五、注意事项

在实际动手制板环节，有以下一些较实用的知识。

1. 制板

PCB 图打印好到铜板后，进入制板环节。其主要步骤如下：

（1）热转印。裁取合适大小的覆铜板，用磨砂纸除去表层的氧化铜，再用透明胶带将 PCB 转印纸和覆铜板黏合在一起，在热转印机上过 2～3 遍，热转印机温度为 120℃以上。需要注意的是，不要将板子放反，PCB 转印纸有石墨的一面和覆铜板的铜箔贴紧，用胶带固定好，转印之后可将石墨附到铜板上，不要将石墨刮掉。

（2）腐蚀。配制腐蚀 PCB 板的溶液：在容器中按盐酸、双氧水和水以 1∶1∶4 的比例配制。需要注意的是，水的比例少，腐蚀速度快但对电路板不利；水的比例多，腐蚀速度慢。

在配制腐蚀溶液时注意配制顺序，先加水，再加盐酸，最后加入双氧水。

（3）打孔。按照 PCB 设置的孔大小选取相应的钻头进行打孔。需要注意的是，一般 PCB 中焊盘 80 mil，孔的大小为 30 mil，钻头选 0.7 mm 或 0.8 mm 均可；上述为常用的钻头，在打特殊用途的孔时，使用 1.0 mm 的钻头即可。

（4）去除油墨并涂上酒精松香溶液。打完孔后，在流动水下用 260 目或 500 目磨砂纸擦拭油墨，将松香打碎研磨后放到酒精中溶解，形成松香酒精液，再将其涂到做好的电路板上。

（5）按照 PCB 和原理图安装元器件。

2. 焊接

（1）准备施焊。左手拿焊锡丝，右手握电烙铁，进入备焊状态。要求烙铁头保持干净，无焊渣等氧化物，并在表面镀一层锡。

（2）加热焊件。烙铁头靠在两焊件的连接处，加热整个焊件，时间大约为 1 s～2 s。对于在印制板上焊接元器件来说，要注意使烙铁头同时接触焊盘和元器件的引线，这样做是保证导线与焊盘、导线与接线柱之间同时均匀受热。

（3）送入焊丝。当焊件的焊接面被加热到一定的程度时，焊锡丝从电烙铁对面接触焊件。请注意，不要把焊锡丝送到烙铁头上。

（4）移开焊丝，最后移开电烙铁。当焊丝熔化到一定量后，立即向左上方 45°方向移开焊丝。

设计九　±5 V 电源设计

一、项目名称及要求

将 220 V，50 Hz 的交流电转化为±5 V 的直流稳压电源(负载的最大工作电流为 1 A)。

二、工作原理

1. 总体方案及框图

线性直流稳压电源的特点是：输出电压比输入电压低，输出纹波较小，工作产生的噪声低；但发热量大，效率较低，体积大。

直流稳压电源由变压电路、整流电路、滤波电路和稳压电路组成。变压电路将交流电网 220 V 的电压变为所需要的电压值，然后通过整流电路将交流电压变成脉动的直流电压。由于此脉动的直流电压还含有较大的纹波，必须通过滤波电路加以滤除，从而得到平滑的直流电压，但这样的电压会随电网电压波动，一般有±10％左右的波动，因此，在整流、滤波电路之后，还需接稳压电路。稳压电路的作用是当电网电压波动、负载和温度变化时，维持输出直流电压的稳定。±5 V 电源设计框图如图 4-9-1 所示。

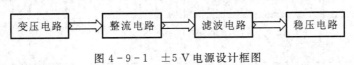

图 4-9-1　±5 V 电源设计框图

2. 电路各组成部分的工作原理

1）变压电路

把 220 V 交流电转换成低压直流电压的第一步是降压，常使用的元器件是电源变压器，它专门用于变换交流信号的电压。变压器在电路中的功能主要有三个：传交流隔直流、交流电压变换、阻抗变换。

变压器的初级线圈和次级线圈两端的电压之比等于线圈的匝数比，其公式为

$$\frac{U_P}{U_S} = \frac{N_P}{N_S} \tag{9-1}$$

式中，U_P 为初级线圈两端电压；U_S 为次级线圈两端电压；N_P 为初级线圈两端匝数；N_S 为次级线圈两端匝数。

若变压器是一个理想变压器，则它的输入功率应当等于输出功率，即

$$P_P = P_S \tag{9-2}$$

$$P_P = U_P \cdot I_P \tag{9-3}$$

$$P_S = U_S \cdot I_S \tag{9-4}$$

其中，P_P 为初级线圈输入功率；I_P 为初级线圈电流；P_S 为次级线圈输出功率；I_S 为次级线

圈电流。

实际的变压器达不到100%的功率传递，原因如下：

（1）初级和次级线圈存在电阻，会把电能转换为势能消耗掉。

（2）因电磁感应，在变压器的磁芯或铁芯中会产生涡电流，从而消耗部分电能。

（3）初级线圈在感应次级线圈过程中有一些磁场泄漏到变压器外。

在选购变压器时有几个重要考虑的参数：输入电压、输出电压、额定功率。

本设计中负载的工作电压为±5 V，最大电流为1 A，所以负载的最大消耗功率为±5 V$\times$1 A$=\pm5$ W，电源的功率或者说变压器的功率只能比这个功率大，否则电路可能无法正常工作。常用电源变压器的次级电压、单价和功率如表4-9-1所示。

表 4-9-1　常用电源变压器的次级电压、单价和功率

单价/元 电压	功率	2 W	3 W	5 W	6 W	8 W	10 W	12 W	15 W	20 W	25 W	35 W	40 W
1.5 V	单组	2	3										
1.5 V	双组	2	3										
3 V	单组	2	3										
3 V	双组	2	3										
4.5 V	单组	2	3										
4.5 V	双组	2	3										
6 V	单组	2	4	6	6.5	7.2	8.0	9.2	14	14	19	19	25
6 V	双组	2	4	6	6.5	7.2	8.0	9.2	14	14	19	19	25
9 V	单组	4.4	5	6	6.5	7.2	8	9.2	14	14	19	19	25
9 V	双组	4.4	6	6	6.5	7.2	8	9.2	14	14	19	19	25
12 V	单组	4.4	5	6	6.5	7.2	8	9.2	14	14	19	19	25
12 V	双组	4.4	5	6	6.5	7.2	8	9.2	14	14	19	19	25

续表

电压	功率	2 W	3 W	5 W	6 W	8 W	10 W	12 W	15 W	20 W	25 W	35 W	40 W
15 V	单组	4.4	5	6	6.5	7.2	8	9.2	14	14	19	19	25
15 V	双组	4.4	5	6	6.5	7.2	8	9.2	14	14	19	19	25
18 V	单组	4.4	5	6	6.5	7.2	8	9.2	14	14	19	19	25
18 V	双组	4.4	5	6	6.5	7.2	8	9.2	14	14	19	19	25

注：① 单绕组（简称单组），只有一组次级线圈。

② 双绕组（简称双组），次级线圈有两个，并且首尾相连形成一个公共端，变压器有 3 个引脚。公共端到次级 1 或次级 2 另一端的电压相等，但信号相位相反。

2）整流电路

变压器可变换电压，不过从变压器次级线圈输出的仍是交流信号，这个交流信号的频率与市电相同，都是 50 Hz，其波形是正弦波，只是幅值变小，降压后，由整流电路把信号的负半轴"翻"到正半轴上形成单向脉动电压。整流电路常见的有以下几种：

（1）半波整流电路：电路中使用一只整流二极管构成一组整流电路。

（2）全波整流电路：电路中使用两只整流二极管构成一组整流电路。

（3）桥式整流电路：电路中使用四只整流二极管构成一组整流电路。

（4）倍压整流电路：电路中使用至少两只整流二极管构成一组整流电路。

整流电路是由四只完全相同的二极管组成的。为了缩小体积，通常将四只二极管封装在一起作为整流桥堆来构成整流电路。二极管整流桥堆如图 4-9-2 所示。

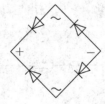

图 4-9-2　二极管整流桥堆

整流电路的相关参数如下：

设变压器副边电压 $u_S = \sqrt{2} U_S \sin\omega t$，$U_S$ 为其有效值。其输出电压为

$$u_o = \left| \sqrt{2} U_S \sin\omega t \right| \qquad (9-5)$$

输出电压 u_o 在一个周期内的平均值 U_o 为

$$U_o = \frac{1}{\pi} \int_0^{\pi} \sqrt{2} U_S \sin(\omega t) \, \mathrm{d}(\omega t) = \frac{2\sqrt{2}}{\pi} U_S \approx 0.9 U_S \qquad (9-6)$$

输出电流平均值为

$$I_o = \frac{U_o}{R_L} \approx 0.9 \frac{U_S}{R_L} \tag{9-7}$$

流过二极管的正向平均电流 I_D 为

$$I_{D1,3} = I_{D2,4} = I_D = \frac{1}{2} I_o = 0.45 \frac{U_S}{R_L} \tag{9-8}$$

二极管承受的最大反向电压 U_{RM} 为

$$U_{RM} = \sqrt{2} U_S \tag{9-9}$$

考虑到电网电压的波动范围为 ±10%，在实际选用二极管时，应至少有 ±10% 的余量，选择最大整流电流 I_D 和最大反向工作电压 U_{RM} 分别为

$$I_D \geqslant 1.1 \frac{\sqrt{2} U_S}{\pi R_L} \tag{9-10}$$

$$U_{RM} > 1.1 \sqrt{2} U_S \tag{9-11}$$

3）滤波电路

（1）滤波电路的组成与工作原理。滤波电路是应用最广也是最简单的滤波电路，只需在整流电路的负载电阻两端并联一个大容量的电容即可构成滤波电路。

（2）滤波电容的估算可表示为

$$C \geqslant (3 \sim 5) \frac{T}{2R_L} \tag{9-12}$$

式中，T 为交流电源的周期；R_L 为等效负载。如果电容容量太大，将增加电容器的体积和成本，此时电容的漏电电阻对滤波效果将造成不利影响。通常，滤波电容容量可以根据电路的功耗大致估计一下，功耗小的电路一般取 1000 μF 就够了，功耗较大，或对电源质量要求较高的电路，如音频功率放大器，应取 1000 μF ~ 6000 μF，有时甚至要取到 10 000 μF 以上，耐压大于 $2\sqrt{2} U_S$ 的电解电容。

4）稳压电路

经整流滤波后输出的直流电压虽然平滑程度较好，但其稳定性是比较差的。一个绝对理想的电源，无论负载电流 I 如何变化，它的输出电压 u_o 应该恒定在设计值上。从 220 V 交流到直流转换如图 4-9-3 所示。

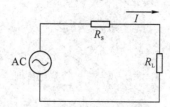

图 4-9-3　从 220 V 交流到直流转换

当 R_L 所需电流增加，电压内阻 R_s 分压也增加，u_o 减少。好的电源应具备"自我调节能力"，为了使 u_o 在一恒定值上，在负载电流变化时，应能自动调节，所以在现有电路基础上增加一个稳压电路，这样的设计在负载电流发生变化时，可以通过电路的补偿将输出

电压基本维持在原有水平上。不过有一点还是要注意,虽然稳压电路对电源质量有很大改善,但是当电流变大时,再好的电源,其输出也不可能一点不降低,只是降低多少罢了。

集成电路稳压器按管脚多少可分为三端固定式、三端可调式等,其中以三端固定式集成稳压器最为常用。

三端固定式集成稳压器最常用的产品为 78×× 系列和 79×× 系列。78×× 系列为正电压输出,79×× 系列为负电压输出。型号中最末两位数字表示它们输出电压值。78×× 系列和 79×× 系列的输出电压有 5 V、6 V、8 V、9 V、10 V、12 V、15 V、18 V、24 V 等九种不同的挡位,输出电压精度在 ±2%～±4% 之间。78×× 系列和 79×× 系列的输出电流也有不同的档次。经常使用的有输出电流为 100 mA 的 78L××/79L××、输出电流为 500 mA 的 78M××/79M××、输出电流为 1 A 的 78××/79×× 和输出电流为 1.5 A 的 78H××/79H×× 四个系列。

在使用 7805 和 7905 时要注意以下几点:

(1) 引脚不能接错。图 4-9-4 为 7805 和 7905 的引脚排列和外形图,其采用 TO-220 封装。

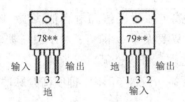

图 4-9-4 7805 和 7905 的引脚排列和外形图

(2) 要注意稳压器的散热。图 4-9-5 为三端固定式集成稳压器的内部组成框图。调整三极管 V 的功耗等于输入输出电压差和输出电流的乘积。V 的功耗几乎全部变成热量,使稳压器温度升高。若发热量比较少时,可以依靠稳压器的封装自行散热。若稳压器输出电流增大,则发热量增大,必须加适当的散热片。

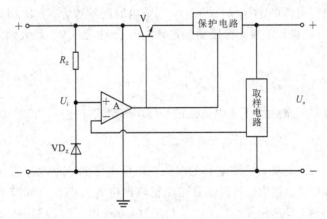

图 4-9-5 三端固定式集成稳压器的内部组成框图

(3) 稳压器的输入电压 U_i 应处在一定的范围。稳压器的输入电压 U_i 的范围可表示为

$$U_{imin} \leqslant U_i \leqslant U_{imax} \qquad (9-13)$$

式中,U_{imin} 为稳压器的最小输入电压;U_{imax} 为稳压器的最大输入电压。U_{imin} 和 U_{imax} 由集成稳

压器的数据手册提供，以 LM7805 为例，其 U_{imin} 和 U_{imax} 的值分别为 7.2 V 和 35 V。因此，稳压器的输入电压应大于 7.2 V 且小于 35 V。

3. 元器件参数的选取及其计算

通过变压、整流、滤波、稳压等步骤，利用变压器进行降压，将 220 V 的交流电变成合适的交流电，利用整流电路，将经变压器降压后的交流电变成单向脉动的直流电。再经滤波电路滤除脉动直流电中的谐波成分。最后形成了所需的直流稳压电源，实现了 220 V 交流到直流电压的转换。本案例设计一个直流稳压电源，设计的过程与图 4-9-1 所示的流程正好相反，先从最右边的直流电压输出部分开始，向左推导设计电路。

(1) 确定电源的输出电压的平均值 U_o、最大输出电流 I_o，即

$$U_o = \pm 5 \text{ V}$$

$$I_o = 1 \text{ A}$$

(2) 稳压电路设计。根据本设计直流稳压电源输出电压和输出电流的指标，三端固定式集成稳压器的型号应选用 7805 和 7905。7805 和 7905 的输出电压分别为 +5 V 和 -5 V，输出电流为 1.0 A，满足设计要求。

(3) 整流滤波。电容的参数包括耐压值和电容值两项。耐压值比较容易确定，对于稳压器输入测的电容，其耐压值只要大于 U_i 即可；对于稳压器输出侧的滤波电容，其耐压值大于 U_o 即可。对于电容值的选取，可以遵循以下原则：

① C_3、C_4、C_7、C_8 的作用是减少纹波、消振、抑制高频脉冲干扰，可采用 0.1 μF～0.47 μF 的陶瓷电容。

② C_5、C_6 稳压器输出侧滤波电容，起到减少纹波的作用。根据经验，一般电容值选取 47 μF～470 μF。

③ C_1、C_2 为稳压器输入侧的滤波电容，其作用是将整流桥输出的直流脉动电压转换成纹波较小的直流电压。C_1、C_2 滤波电容在工作中由充电和放电两部分组成。为了取得比较好的滤波效果，要求电容的放电时间常数大于充电周期的 3～5 倍。对于桥式整流电路，电容的充电周期为交流电源的半周期(10 ms)，而放电时间常数为 $R_L C$，因此，C_1、C_2 滤波电容值可以用式(9-12)进行估算，稳压器的输入电压 U_i 约为 9 V，最大输入电流为 1 A，等效直流电阻 R_L 为

$$R_L = \frac{9}{1} = 9 \text{ } \Omega \tag{9-14}$$

取电容的放电时间常数等于充电周期的 3 倍，根据式(9-12)可得

$$C = 3 \times \frac{0.02}{2 \times 9} \approx 3300 \text{ } \mu\text{F} \tag{9-15}$$

从上述估算中可以看到，滤波电容的取值与稳压电源的输出电流直接相关，输出电流越大，滤波电容的容量也越大。有时候直接根据输出电流大小选取滤波电容，其经验数据为当 I_o 在 1 A 左右时，C 选用 4000 μF；当 I_o 在 100 mA 以下时，C 选用 200 μF～500 μF。

(4) 变压器的选择。电源变压器的选择通常根据变压器二次(次级)侧输出的功率 P_S 来选择变压器。二次侧输出的功率 P_S 取决于输出电压和输出电流。对于容性负载，变压器的二次(次级)侧的输出电压 U_S 与稳压器输入电压的关系为

$$U_S = U_i / (1.1 \sim 1.2) \tag{9-16}$$

　　由于U_i越大，集成稳压器的压差越大，功耗也就越大。U_i在满足式(9-16)的前提下不宜取太大，考虑交流电压的波动，U_i取 9 V 比较适宜。根据式(9-16)，变压器二次侧电压U_S取 8 V。注意该二次侧电压U_S是指变压器二次侧中间抽头与两边接线端之间电压，加到二极管整流桥上的电压应为 $2×8＝16$ V。

　　变压器二次侧输出电流 $I_S≥I_{omax}＝1$ A，变压器二次侧输出功率 $P_S＝I_S U_S＝16$ W。由表可得变压器效率 $η＝0.7$，则一次侧(次级)输入功率 $P_1≥P_2/η＝16/0.7＝22.85$ W，可选功率为 25 W 的变压器。

　　又由于整流电路输出电压的平均值 $U_。$约为 $0.9U_S$，因此，次级线圈电压为 9 V 即可(变压器次级线圈电压指的是有效值)。再有，电路最大电流为 1 A，故选择一个额定功率为 25 W，次级线圈为 9 V 的双绕组变压器可以实现。小型变压器的效率如表 4-9-2 所示。$±5$ V 直流稳压电路的原理图如图 4-9-6 所示。

表 4-9-2　小型变压器的效率

二次侧输出功率 P_S/W	<10	10~30	30~80	80~200
效率 $η$	0.6	0.7	0.8	0.85

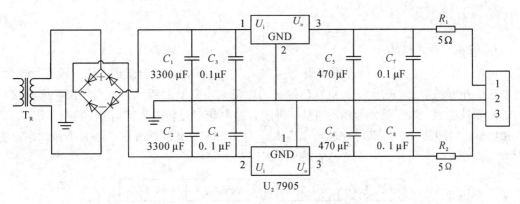

图 4-9-6　±5 V 直流稳压电路的原理图

设计十　声控 LED 彩灯实验

一、项目名称及其要求

项目名称为声控 LED 彩灯电路设计。其要求如下：

（1）设计并制作一个通过声音控制 LED 彩灯的电路，彩灯亮度随着声音大小和频率变化而变化。

（2）根据设计要求，确定电路方案，计算并选取各单元电路的元器件参数。

（3）绘制电路原理图和 PCB 图。

（4）制作并焊接电路。

（5）按要求完成课程设计报告。

二、工作原理

1. 总体方案及框图

声控 LED 彩灯实验设计框图如图 4-10-1 所示。其由四部分组成：第一部分为咪头，用来获取外部的声音（音乐），将声音信号变为电流信号；第二部分为放大电路，将所获得的电流信号放大；第三部分为驱动电路，将放大的电流信号转为数字信号，控制 LED 的亮度和数量；第四部分为 LED，在驱动电路的作用下，LED 亮度随着声音的大小和频率而变化。为了反映声音的变化，应至少采用 5 个以上的 LED。

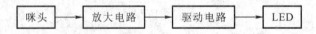

图 4-10-1　声控 LED 彩灯实验设计框图

2. 各部分工作原理

1）咪头

咪头的内部结构图如图 4-10-2 所示。

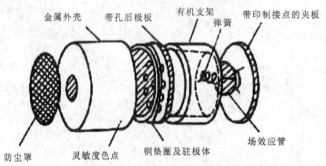

图 4-10-2　咪头的内部结构图

咪头是将声音信号转换为电信号的能量转换器件，是与喇叭正好相反的一个器件（电→声）。咪头又名咪芯、麦克风、话筒或传声器。我们知道电容上电荷的公式是 $Q=C \cdot U$；反之 $U=Q/C$ 也是成立的。驻极体总的电荷量是不变的，当极板在声波压力下后退时，电容量减小，电容两极间的电压就会成反比地升高；反之，当电容量增加时，电容两极间的电压就会成反比地降低。最后再通过阻抗非常高的场效应将电容两端的电压取出来，同时进行放大，我们就可以得到和声音对应的电压了。由于场效应管是有源器件，需要一定的直流偏置才可以工作在放大状态，因此，驻极体话筒都要加一个直流偏置才能工作。

2）CD4017

CD4017 是由十进制计数器电路和时序译码电路两部分组成的。其中的 D 触发器 $F_1 \sim F_5$ 构成了十进制约翰逊计数器，门电路 5～14 构成了时序译码电路。约翰逊计数器的结构比较简单，它实质上是一种串行移位寄存器。除了第 3 个触发器是通过门电路 15、16 构成的组合逻辑电路作用于 F_3 的 D_3 端以外，其余各级均是将前一级触发器的输出端连接到后一级触发器的输入端的，计数器最后一级的 Q_5 端连接到第一级的 D_1 端。这种计数器具有编码可靠、工作速度快、译码简单，只需由二输入与门即可译码，译码输出无过渡脉冲干扰等特点。通常只有译码选中的那个输出端为高电平，其余输出端均为低电平。

当加上清零脉冲后，$Q_1 \sim Q_5$ 均为"0"，由于 Q_1 的数据输入端 D_1 是 Q_5 输出的反码，因此，输入第一个时钟脉冲后，Q_1 即为"1"，这时 $Q_2 \sim Q_5$ 均依次进行移位输出，Q_1 的输出移至 Q_2，Q_2 的输出移至 Q_3……如果继续输入脉冲，则 Q_1 为新的 Q_5，$Q_2 \sim Q_5$ 仍然依次移位输出。

由五位计数单元组成的约翰逊计数器，其输出端可以有 32 种组合状态，而构成十进制计数器只需 10 种计数状态，因此，当电路接通电源之后，有可能进入我们所不需要的 22 种伪码状态。

为了使电路能迅速进入工作状态，在第三级计数单元的数据输入端上加接了两级组合逻辑门，使 Q_2 不直接连接 D_3，而使 D_3 由下列关系决定：

$$D_3 = Q_2(Q_1 + Q_3)$$

这样做，当电源接通后，不管计数单元出现哪种随机组合，最多经过 8 个时钟脉冲输入之后，都会自动进入工作状态。

CD4017 有 3 个输入端：复位清零端 INH，当在 INH 端加高电平或正脉冲时，计数器清零，在所有输出中，只有对应"0"状态的 Q_0 输出高电平，其余输出均为低电平；时钟输入端 CP 和 CR，其中 CP 端用于上升沿计数，CR 端用于下降沿计数。由此可见，CP 和 CR 还有互锁的关系，即在利用 CP 计数时，CR 端要接低电平；在用 CR 计数时，CP 端要接高电平。反之，则形成互锁。

当在 R 端加上高电平或正脉冲时，计数器中各计数单元 $F_1 \sim F_5$ 均被置 0，计数器为"00000"状态。

CD4017 有 10 个译码输出端 $Q_0 \sim Q_9$，它仍随时钟脉冲的输入而依次出现高电平。此外，为了级联方便，还设有进位输出端 CO，每输入 10 个时钟脉冲，就可得到一个进位输出脉冲，所以 CO 可作为下一级计数器的时钟信号。

从上述分析中可以看出，CD4017 的基本功能是对 CP 端输入脉冲的个数进行十进制计数,并按照输入脉冲的个数顺序将脉冲分配在 $Y_0 \sim Y_9$ 这十个输出端,计满十个数后计数器复零,同时输出一个进位脉冲。我们只要掌握了这些基本功能就能设计出千姿百态的应用电路来。CD4017 的引脚排列图如图 4 - 10 - 3 所示。

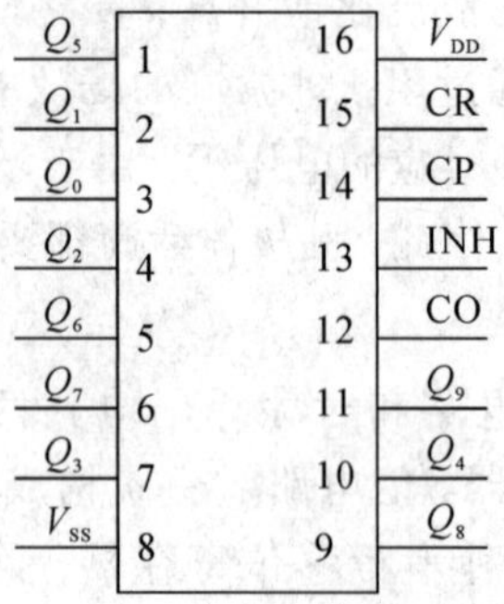

Q_5	1	16	V_{DD}
Q_1	2	15	CR
Q_0	3	14	CP
Q_2	4	13	INH
Q_6	5	12	CO
Q_7	6	11	Q_9
Q_3	7	10	Q_4
V_{SS}	8	9	Q_8

图 4 - 10 - 3 CD4017 的引脚排列图

本设计的主要元器件清单如表 4 - 10 - 1 所示。

表 4 - 10 - 1 主要元器件清单

序号	种类	规格型号	单位	数量	备　注
1	电阻	470 Ω	只	1	
2		200 Ω	只	1	
3		20kΩ	只	1	
4		2MΩ	只	2	
5	电容	1 μF/50 V	只	1	
6		100 μF/25 V	只	1	
7	集成电路	CD4017	片	1	DIP 封装
8	LED 灯		只	11	彩色
9	咪头		只	120×2	
10	三极管	9014	只	120×2	直插式
11	IC 座	16 脚	只	120×2	
12	单排插针	直针	条	1	常用长度
13	单面覆铜板	50mm×100mm	块	1	1.5 mm
14	焊锡丝		卷	1	
15	打印纸		包	1	
16	热转印纸	A4	包	1	
17	化学试剂	双氧水	瓶	1	
18		浓盐酸	瓶	1	
19	细砂纸			若干	
20	小钻头			若干	

三、整体电路图

整体电路图如图 4 – 10 – 4 所示。

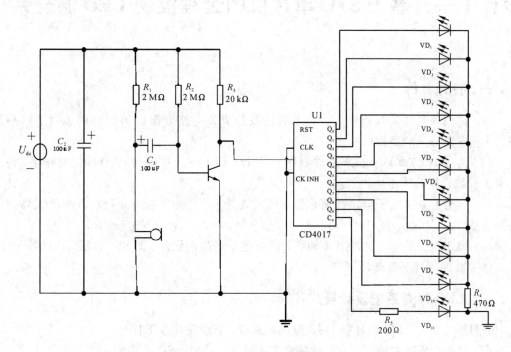

图 4 – 10 – 4　整体电路图

设计十一　基于 STC 单片机的远程控制 LED 调光系统

一、设计目的

（1）加强理论与实践相结合，对于所涉及的有关电路方面的知识有更多的了解和认识，熟悉电路部分的逻辑功能。

（2）通过 Altium Designer 软件制作 PCB 板，用 Keil、STC‑ISP 软件烧写程序，初步掌握工程设计的具体步骤和方法。

（3）学会并掌握电子电路常用元器件的主要性能、参数、选用原则以及各类元器件的使用方法。

（4）运用电子装接工艺的基本知识，掌握电子产品的设计、焊接、装配、调试等技术，为后续实践课程打下基础。

二、LED 调光系统设计要求

设计一个基于 STC 单片机的 LED 调光系统，要求完成以下任务：

（1）采用 PWM 的方法，利用按键调节占空比，控制 LED 的亮度。

（2）上电检测 LED，即所有 LED 亮灭 1 次。

（3）按第一按键打开所指定的 LED（最亮）。

（4）按第二按键关掉所指定的 LED。

（5）按第三按键可连续调节 PWM 占空比，控制所指定的 LED 变亮。

（6）按第四按键可连续调节 PWM 占空比，控制所指定的 LED 变暗。

（7）按复位键重新开始。

三、LED 调光系统设计步骤

1. 硬件设计

1）原理图设计

本设计的原理图包括原理图电路、单片机最小系统模块（芯片、晶振、复位）、电源模块、发光二极管、温度传感器、红外接收器、蜂鸣器、独立按键、显示模块、下载电路，如图 4‑11‑1 所示。

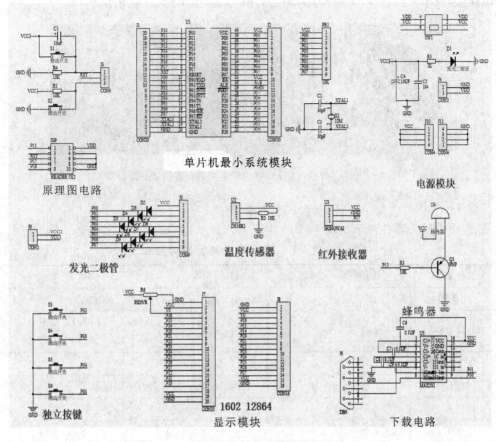

图 4-11-1　原理图

2）PCB 设计

PCB 设计包括顶层 PCB 和底层 PCB，其分别如图 4-11-2 和图 4-11-3 所示。

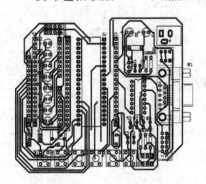

图 4-11-2　顶层 PCB 电路

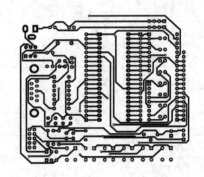

图 4-11-3　底层 PCB 电路

2. 焊接过程

1）焊接顺序

焊接元件的顺序为：电阻→无极性电容→发光二极管→三极管→排阻→微动开关→
MAX232 底座→插针→圆孔座→有极性电容→蜂鸣器→芯片底座→ISP 接口→自锁开关

（电源开关）→单片机底座（紧锁座）。焊接所用材料如图 4-11-4 所示。

图 4-11-4　焊接所用材料（尖嘴电烙铁、焊锡丝、偏口钳）

2）元器件清单

原理图电路元器件清单如表 4-11-1 所示。

表 4-11-1　原理图电路元器件清单

元器件名称	数量	备 注
电阻	5 个	$10\ k\Omega$（R_2、R_3、R_4、R_5）：4 个 $1\ k\Omega$（R_1）：1 个
$10\ \mu F$ 电解	8 只	不分正、负的 104（C_1、C_3、C_6、C_7、C_8、C_9）：6 只，22 pF（C_4、C_5）：2 只
电源头	8 只	DC
自锁开关	1 个	Powerkey，方向请参考焊接说明
蜂鸣器	1 个	Bell
三极管	1 个	VT_1
DB9 母头	1 个	
ISP 接口	1 个	ISP，缺口与板卡画的缺口对应
DIP16 底座	1 个	U4 用于插 MAX232，缺口与板卡对应
MAX232	1 只	插在底座，注意方向
紧锁座	1 个	U1，扳手朝上
STC15F2K60S2	1 只	
圆孔座	2 个	一个是晶振（Y_1）；另一个是 DS18B20（U2）
晶振	1 个	11.0592，插在圆孔座上
VS1838	1 只	VS1838（U3）椭圆形朝外，与板卡画的封装对应
按键	6 只	2 个复位（51/AVR）按键，4 个独立按键
可调电阻	1 只	R_{P1}，用于 LCD 背光可调
排阻	2 个	$10\ k\Omega$（103）R_{P1}：1 个，$1\ k\Omega$（102）R_{P2}：1 个
插针	1.5 排	
排母	2 条	用于外接 LCD1602 和 LCD12864
发光二极管	9 个	红色：5 个，绿色：2 个，黄色：2 个（LED、VD_1、VD_2、VD_3、VD_4、VD_5、VD_6、VD_7、VD_8）

元器件名称	数量	备 注
跳线帽	2个	一个用在 J_4，用于复位选择；另一个用在 J_3，用于 LED 控制
隔离柱	4个	
PCB 空板	1张	
USB 电源线	1条	用于供电
USB 转串口线	1条	STC 系列单片机程序下载及串口通信

3. 软件设计

1）设计原理

LED 调光系统中的 LED 发光二极管连接于 P0 口，所以可以实现 P0 口输出控制。根据发光二极管的单向导电性，当单片机的 P0 口输出高电平，即当 P0=1 时，发光二极管熄灭；当单片机的 P0 口输出低电平，即当 P0=0 时，发光二极管亮。

LED 调光系统中的 4 个独立按键分别连接于 P32、P33、P34、P35。在按下这些按键时，采用软件滤波的方法（延时 10 ms）把手动造成的干扰信号以及按键的机械接触等干扰信号滤除掉。避开干扰信号区域后，再检测一次，确定按键是否真的已经按下。由于要求每按下一次，命令被执行一次，因此从按键被识别出来之后，程序设计时注意要有一个等待按键释放的过程。

LED 调光系统中的蜂鸣器连接于 P13，由三极管驱动，改变 P13 的输出状态，即可控制蜂鸣器。

2）程序设计

通过控制一个周期的 PWM 占空比调节 LED 的亮灭时间，从而调节 LED 的亮度。在 Keil 软件中编写程序。

四、测试过程

电路通电后，将编译好的程序烧写至芯片。由此可以看到，单片机初始化后，全部 LED 亮灭 3 次。然后按下对应的按键，分别控制灯的亮灭以及对应灯的亮度调节，达到预期效果：第一个按键控制 L_1 亮起，第二个按键控制 L_1 熄灭，第三个按键控制 L_2 逐渐变亮（直至最亮），第四个按键控制 L_2 变暗（直至熄灭）。

五、注意事项

（1）在绘制原理图时，注意严格连线，连好后注意反复检查。根据提供的元件添加元件封装。

（2）焊接时注意元件的焊接顺序，由低到高。注意虚焊，焊接时注意相邻电路不能连接。

（3）根据 LED 高、低电平调节 PWM 占空比实现灯光调节，注意灯每秒亮灭频率的调节。

（4）LED 调光系统中的 LED 发光二极管连接于 P0 口，根据发光二极管的单向导电性，通过 SFR 控制 P0 口的寄存器可以实现同时控制连接的 8 个指示灯。

（5）按键的识别一定要消除抖动干扰，键盘消除抖动所用的时间不少于 5 ms。并且每按下一次，命令被执行一次，要有一个等待按键释放的过程。

（6）按键释放等待过程中，应该加入显示函数，否则 CPU 执行空语句，系统不执行功能，导致对应灯不亮。

（7）通过按键编程调节一个周期内的 PWM 占空比来改变 LED 的高、低电平，从而达到调节 LED 亮度的目的。

设计十二　基于 STC 单片机的 LED 调光系统

一、项目名称及其要求

项目名称为基于 STC 单片机的 LED 调光系统。其要求如下：

(1) 硬件设计要求。设计一个基于 STC 单片机的 LED 调光系统，要求完成以下任务：

① 采用 PWM 的方法，利用按键调节占空比控制 LED 的亮度。

② 绘制电路原理图和 PCB 图。

③ 焊接单片机电路。

④ 按要求完成课程设计报告。

⑤ 利用单片机串口通信的方式，接收远程上位机发送的命令，控制 LED。

(2) 软件编写要求。在硬件调试正常的基础上，采用 Keil 软件编写程序实现以下具体功能：

① 上电检测 LED，即所有 LED 亮灭 1 次。

② 按第一按键打开所指定的 LED(最亮)。

③ 按第二按键关掉所指定的 LED。

④ 按第三按键可连续调节 PWM 占空比，控制所指定的 LED 变亮。

⑤ 按第四按键可连续调节 PWM 占空比，控制所指定的 LED 变暗。

⑥ 按复位键重新开始。

⑦ 远程上位机(通过串口调试助手实现)，发送"02 31 03"命令，控制所指定的 LED 打开。

⑧ 远程上位机(通过串口调试助手实现)，发送"02 32 03"命令，控制所指定的 LED 关闭。

⑨ 远程上位机(通过串口调试助手实现)，发送"02 33 03"命令，控制所有 LED 实现流水灯效果。

二、工作原理

1. 总体方案

硬件电路结构由电源电路、复位电路、晶振电路、发光二极管显示电路、蜂鸣器驱动电路、串口通信 MAX232 等组成。

信号由 PC 机发出，串口通信接收，单片机根据接收的信号控制引脚的高、低电平变化，实现 LED 的亮灭。

软件程序由开始、预定义、初始化、主程序、子程序组成。子程序由中断程序、延时程序、LED 亮灭的程序、自检程序组成。

2. 电路各组成部分的工作原理

1) 复位电路

复位电路设计如图 4-12-1 所示。当 VCC 端上电时，使电容 C 充电，在 10 kΩ 电阻上出现高电位电压，使得单片机复位；几毫秒后，C 充满，10 kΩ 电阻上电流降为 0，电压也为 0，使得单片机进入工作状态。工作期间，按下 S_{22}，C 放电，放电结束后，在 10 kΩ 电阻上出现电压，使得单片机进入复位状态，直到 S_{22} 松手，C 充电完毕，随后，单片机进入工作状态。

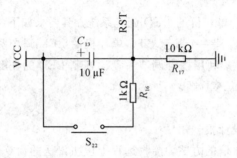

图 4-12-1　复位电路设计

2) 晶振电路

晶体振荡器简称晶振，它可以等效成一个电容和一个电阻并联再串联一个电容的二端网络。电工学上这个网络有两个谐振点，按频率的高低划分，其中较低的频率是串联谐振，较高的频率是并联谐振。

由于晶体自身的特性致使这两个频率的距离相当接近，在这个极窄的频率范围内，晶振等效为一个电感，所以只要晶振的两端并联上合适的电容，它就会组成并联谐振电路。这个并联谐振电路加到一个负反馈电路中就可以构成正弦波振荡电路，由于晶振等效为电感的频率范围很窄，所以即使其他元件的参数变化很大，这个振荡器的频率也不会有很大的变化。发光二极管显示电路如图 4-12-2 所示。

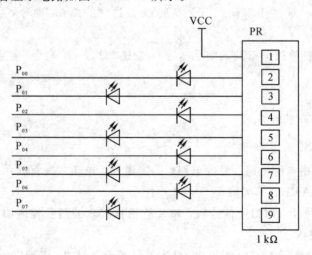

图 4-12-2　发光二极管显示电路

发光二极管是由镓(Ga)与砷(AS)、磷(P)的化合物制成的二极管。当电子与空穴复合时能辐射出可见光,因而可以用来制成发光二极管。在电路及仪器中作为指示灯,或者组成文字或数字显示。磷砷化镓二极管(发红光)、磷化镓二极管(发绿光)、碳化硅二极管(发黄光)都是有一定的电流后,电子与空穴不断流过 PN 结或与之类似的结构面,并进行自发复合产生辐射光的二极管半导体器件。

3) 蜂鸣器驱动电路

蜂鸣器发声原理是电流通过电磁线圈,使电磁线圈产生磁场来驱动振动膜发声的,因此需要一定的电流才能驱动它,单片机 I/O 引脚输出的电流较小,单片机输出的 TTL 电平基本上驱动不了蜂鸣器,因此需要增加一个电流放大的电路。S51 增强型单片机实验板通过一个三极管 C8550 来放大驱动蜂鸣器。

蜂鸣器的正极接到 VCC 端(5V 电源)上面,蜂鸣器的负极接到三极管的发射极 E,三极管的基极 B 经过限流电阻 R_1 后由单片机的 P_{37} 引脚控制,当 P_{37} 输出高电平时,三极管 V_1 截止,没有电流流过线圈,蜂鸣器不发声;当 P_{37} 输出低电平时,三极管导通,这样蜂鸣器的电流形成回路,发出声音。

PORTC.3/T_0 作为 I/O 口通过三极管 V_2 来驱动蜂鸣器 LS_1,而 PORTC.2/PWM_0 则作为 PWM 输出口通过三极管 V_1 来驱动蜂鸣器 LS_2。另外在 PORTA.3 和 PORTA.2 分别接了两个按键:一个是 PWM 按键,是用来控制 PWM 输出口驱动蜂鸣器的;另一个是 PORT 按键,是用来控制 I/O 口驱动蜂鸣器的。连接按键的 I/O 口开内部上拉电阻。

4) 串口通信 MAX232

TTL 电平逻辑 1 为 5 V,逻辑 0 为 0 V。RS232 电平逻辑 1 为 3 V～15 V,逻辑 0 为 -3 V～-15 V。也就是说,我们所转换的数据电平 5 V→(3 V～15 V)、0 V→(-3 V～-15 V)即可。

MAX232 是 5 V 供电的,5 V→(3 V～15 V)的转换是很容易满足的,0 V→(-3 V～-15 V)就需要内部产生一个负压电源然后去转换输出。MAX232 一般外接 4 个电容,C_+ 对地之间,C_- 对地之间的电容用于稳定电荷泵输出的电压,由于 C_{1+} 和 C_{1-} 之间的电容与 C_{2+} 和 C_{2-} 之间的电容都是由 VCC 端对它们进行循环充电的,产生的 $U_+ \leqslant 2V_{cc}$,$U_- \geqslant -2V_{cc}$,因此也基本满足 MAX232 的电平要求。CMOS 电平的转换同理。

三、元器件清单

主要元器件清单如表 4-12-1 所示。

表 4-12-1　主要元器件清单

元器件名称	数量	备注
电阻	5 个	10 kΩ(R_2、R_3、R_4、R_5):4 个 1 kΩ(R_1):1 个
10 μF 电解电容	1 只	C_2,注意电解电容有正、负极,长为"+",短为"−"
瓷片电容	8 只	不分正、负 104(C_1、C_3、C_6、C_7、C_8、C_9):6 只,22 pF(C_4、C_5):2 只

器件名称	数量	备　注
电源头	1 个	DC
自锁开关	1 个	Powerkey，方向请参考焊接说明
蜂鸣器	1 个	Bell
三极管	1 个	V_1
DB9 母头	1 个	
ISP 接口	1 个	ISP，缺口与板卡画的缺口对应
DIP16 底座	1 个	U4 用于插 MAX232，缺口与板卡对应
MAX232	1 只	插在底座，注意方向
紧锁座	1 个	U1，扳手朝上
STC89C52	1 只	
圆孔座	2 个	一个是晶振（Y_1）；另一个是 DS18B20（U2）
晶振	1 个	11.0592，插在圆孔座上
VS1838	1 只	VS1838（U3）椭圆形朝外，与板卡画的封装对应
按键	6 只	2 个复位（51/AVR）按键，4 个独立按键
可调电阻	1 只	R_{P1}，用于 LCD 背光可调
排阻	2 个	10 kΩ（103）R_{P1}：1 个，1 kΩ（102）R_{P2}：1 个
插针	1.5 排	
排母	2 条	用于外接 LCD1602 和 LCD12864
发光二极管	9 个	红色：5 个，绿色：2 个，黄色：2 个（LED、VD_1、VD_2、VD_3、VD_4、VD_5、VD_6、VD_7、VD_8）
跳线帽	2 个	一个用在 J_4，用于复位选择；另一个用在 J_3，用于 LED 控制
隔离柱	4 个	
PCB 空板	1 张	
USB 电源线	1 条	用于供电
USB 转串口线	1 条	STC 系列单片机程序下载及串口通信

四、注意事项

（1）电解电容、发光二极管、蜂鸣器的正、负极不能接反，三者均是长的管脚接正极、短的管脚接负极，如接反轻则烧毁元器件，重则发生轻微爆炸。

（2）三极管 9015 的 E、B、C 极的接法，板子上面有相应的图形形状，按照图形焊接。

（3）在焊接元器件的过程中，焊接时间应在 2 s～4 s。焊接时间不宜过长，否则不仅会烧毁元器件，而且易使焊点脆裂。

（4）在电阻焊接过程中，注意与相应的阻值对应，不要焊错，否则影响相应的电流大小。

（5）在排阻焊接过程中，R_{P1}、R_{P2}、R_{P3}有公共端，应该接在 VCC 端，其余管脚为相应的独立端。需要用数字万用表测量各排阻的阻值，并对照说明书焊接相应的排阻。

（6）ISP 插槽应该注意方向。缺口对应板子的外面、如果接反下载线将不能接好。

（7）数码管的焊接应该是有小数点的一侧在下面、接反影响数码管的显示。

在焊接的过程中，依然遵循着先焊小的元器件，再焊大的元器件，先固定一个脚，或者针对引脚较多的，先固定对角线上的引脚，再依次焊接其他引脚。在使用焊笔时分三步走，一放；二熔；三撤。

在使用软件过程中，就需要考验用户真实的水平，去控制彩灯亮与不亮顺序以及 4 个按键的多功能控制，都需要一定的 C 语言基础，进而根据硬件编写程序，写出足以符合题目要求的程序。

在仿真过程中，熟悉软件的基本操作方式，通过仿真可以模拟实验中的效果，切实看到操作后的结果。

第五部分

Multisim 仿真软件

实验仿真软件 Multisim 的使用

为了熟悉 Multisim 仿真软件,以模拟电子电路中的多级放大电路、数字电子线路中的 MSI 组合逻辑电路设计为例,说明仿真步骤。

一、多级放大电路

(1) 建立"模拟电路实验"文件夹,并在该文件夹内建立"实验四 多级放大电路"文件夹。多级放大电路如图 5-1-1 所示。

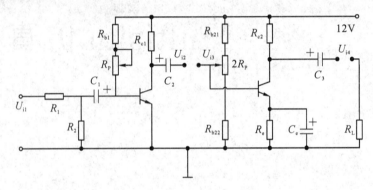

图 5-1-1　多级放大电路

电路中的元器件参数:

$R_1=5.1\text{ k}\Omega$,	$R_2=51\ \Omega$,	$R_P=680\text{ k}\Omega$,	$R_{b1}=51\text{ k}\Omega$,
$R_{c1}=5.1\text{ k}\Omega$,	$R_{b21}=47\text{ k}\Omega$,	$R_{b2}=51\text{ k}\Omega$,	$2R_P=100\text{ k}\Omega$,
$R_{b22}=20\text{ k}\Omega$,	$R_{c2}=3\text{ k}\Omega$,	$R_e=1\text{ k}\Omega$,	$R_L=3\text{ k}\Omega$,
$C_1=10\ \mu\text{F}$,	$C_2=10\ \mu\text{F}$,	$C_3=10\ \mu\text{F}$,	$C_e=10\ \mu\text{F}$

(2) 阅读实验报告,了解实验内容,重点分析实验电路图。

(3) 打开 Multisim 仿真软件。

(4) 在界面左上方器件栏点击小电源标志" ÷ ",打开"Select Database"界面。

(5) 在"Group"栏选择"Sources",下方选择"Power Sources",点击右侧的 VCC,选择直流电源,点击"OK"按钮将直流电源放在主界面。

(6) 再次点击小电源标志,在"Group"栏选择"Basic",在下方选择"Resistor",在右侧选择需要的阻值电阻,依次放在主界面。

在"Group(Basic)"→"Potentiometer"中选择电位计" "。

在"Group(Basic)"→"Variable Resistor"中选择可变电阻" "。

在"Group(Basic)"→"Variable Capacitor"中选择电容" "。

在"Group(Transistors)"→"BJT_NPN"中选择 NPN 型三极管"$\circ$"。

在工具栏仿真按钮右方选取电流探针工具"$\circledA$"。

（7）按照电路图 5-1-1 将所需要的电子元器件按位置放在主界面中，将鼠标移至元器件的引脚处，按下鼠标左键进行连线。

（8）如需引出导线而不连接在元器件上，可将导线从引脚引出，在空白处双击即可。

（9）全部连接完毕后，在 Multisim 仿真软件界面的最右侧选择需要的仪器。本次实验我们所需要用的实验仪器是万用表、函数信号发生器和示波器，它们分别位于界面最右侧仪器栏从上至下第一位"$\boxed{}$"、第二位"$\boxed{}$"和第四位"$\boxed{}$"。

（10）将函数信号发生器放至电路图的最左端，并将其连接在电路中，函数信号发生器的"＋"接电路上方的"＋"，函数信号发生器的"－"接地。将电路图右侧 4 号点处连接示波器的"＋"，示波器的"－"端接地。

（11）先不接入函数信号发生器，将 U_{i1} 接地，调整 $U_e = 2.2\,\text{V}$，将电流探针放在三极管集电极上方，观察静态工作点出现，要求此静态工作点尽可能小。

（12）将 U_{i3} 接地，用步骤（11）的方法测出 U_2 的静态工作点，要求此静态工作点在输出波形不失真的前提下尽可能大。

（13）断开 U_{i1} 和 U_{i3} 与地之间的连接，连接 U_{i2} 和 U_{i3}。

（14）将函数信号发生器接在 U_{i1}，其输出信号设置为频率为 1 kHz、幅度为 10 mV 的正弦信号。

（15）将示波器连接在 U_{i4}，观察输出波形。

（16）测量此时电路数据，填入实验报告。

（17）多级放大电路仿真图及仿真结果如图 5-1-2 所示，示波器界面最左侧有两条线，可以将其拉出，在数据区会显示出线与信号交点处的位置以及电压值。

（18）对示波器的仪器状态栏进行截图，并打印。

（19）按"Ctrl＋S"快捷键将所编辑的实验原理图文件以及所截图形储存在"实验四 多级放大电路"文件夹内，以备之后使用。

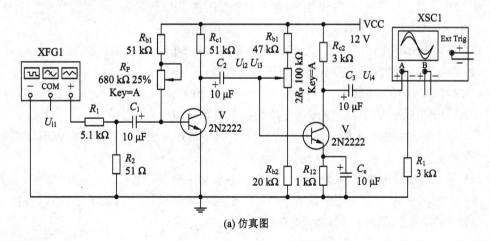

(a) 仿真图

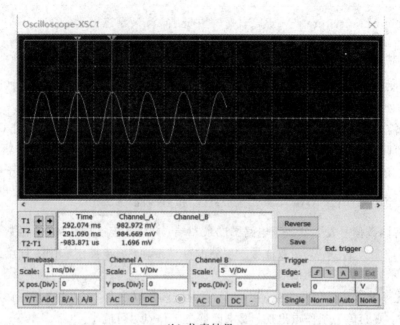

(b) 仿真结果

图 5-1-2　多级放大电路仿真图及仿真结果

二、MSI 组合逻辑电路设计

(1) 建立"数字电路实验"文件夹，并在其内建立"实验二 MSI组合逻辑电路设计"文件夹。

(2) 打开 Multisim 仿真软件，点击小电源标志"÷"，打开"Select a Component"界面。

在"Group(TTL)"→"74LS"中选择 74LS138 译码器。

在"Group(TTL)"→"74LS"中选择 74LS20 四输入与非门。

在"Group(Diodes)"→"LED"中选择 Blue LED 灯。

在"Group(Sources)"→"Power Sources"中选择直流电源 VCC。

在"Group(Basic)"→"Switch"中选择单刀双掷开关 SPST(3 个)。

在"Group(Basic)"→"Resistor"中选择 500 Ω 的电阻。

(3) 将 74LS138 的 Y_1、Y_2、Y_4、Y_7 接至四输入与非门的输入端。

(4) 74LS20 的输出端先接至电阻再连接至地线。

(5) 74LS138 的 $\overline{G}_{2B}$ 端和 $\overline{G}_{2A}$ 端接地，将 G_1 端接 VCC。

(6) 74LS138 的 A、B、C 端分别连接至三个单刀双掷开关。

(7) 三个单刀双掷开关的一端连接至 VCC，另一端连接至地。MSI 组合逻辑电路如图 5-1-3 所示。

(8) 单刀双掷开关接 VCC 时为高电平，接地时为低电平，进行测试，并填表。

(9) 按"Ctrl+Alt+A"快捷键添加字符，写入"姓名+学号"，然后截图保存，以备打印。

(10) 按"Ctrl+S"快捷键保存，准备进行实验二。

（11）点击页面左上角"File"标签下空白文件标志"◻"，创建空白页面。

（12）观察实验二电路图，发现实验二和实验一电路图非常相似，故可在实验一电路图的基础上进行改动，建立实验二的电路图。

（13）将实验一的电路图复制到新页面，选中"74LS20N"，右键选择"Replace Components"，替换元件，选择 74LS00 二输入与非门。

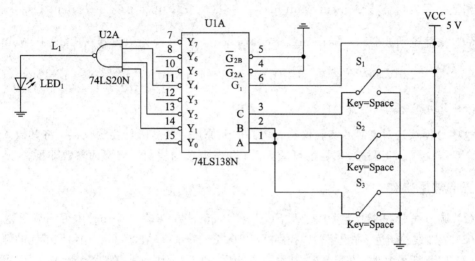

图 5-1-3　MSI 组合逻辑电路

（14）进行实验，记录结果。

（15）按"Ctrl＋S"快捷键保存实验二的电路图。

（16）打印两个实验的截图，并将其贴在实验报告中。

三、Multisim 的故障排除

如果实验电路连接好后按下开始按钮，出现报错，一般有以下几种解决方法：

（1）整个实验电路需接地，请检查是否连接了地线。

（2）运行报错后 Multisim 会弹出仿真分析，多种常见的 Multisim 错误都可以通过仿真分析工具解决。

（3）用所学习的知识将仿真电路分成几个独立的部分，用示波器、万用表等仿真仪器对每个部分的输入/输出进行检查，逐步缩小实验错误存在的范围，直到最终解决。

（4）若是仿真软件本身的问题，可以在网上论坛寻找解决方法。

四、Multisim 仪器的使用

Multisim 提供了极其丰富的实验仪器，它们在整个界面的最右侧。其中从上至下依次为：Multimeter"▣"（万用表）、Function Generator"▦"（函数信号发生器）、Wattmeter"▣▣"（瓦特计）、Oscilloscope"▦"（示波器）、Four Channel Oscilloscope"▦"（四通道示波器）、Bode Plotter"▦"（博德绘图仪）、Frequency Counter"▦"（频率计数器）、

Word Generator"▦"（字生成器）、Logic converter"▦"（逻辑转换器）、Logic analyzer "▦"（逻辑分析仪）、IV Analyzer"▦"（IV 分析仪）、Distortion Analyzer"▦"（失真分析仪）、Network Analyzer"▦"（网络分析仪）、Agilent Function Generator"▦"（安捷伦函数信号发生器）、Agilent Multimeter"▦"（安捷伦万用表）、Agilent Oscilloscope "▦"（安捷伦示波器）、Tektronix Oscilloscope"▦"（泰克示波器）、LabVIEW Instruments"▦"（LabVIEW 仪器）、NI ELVISmx Instruments"▦"（NI ELVISmx 仪器）、Current Clamp"▦"（电流探针）。

这些仪器仪表对真实的实验仪器有较高的还原度，点击所需要的仪器，将其放入仿真图内，双击仪器，即可进入仪器的设置界面，将其调节为我们所需要的参数即可。

五、常用操作

（1）调节线宽：在设置栏中找到"Edit"→"Properties"，在"Wiring"中可调节线宽。

（2）更改线的颜色：在设置栏中找到"Edit"→"Properties"，在"Colors"中可调节线的颜色。

（3）调节纸张大小：在设置栏中找到"Edit"→"Properties"，在"Workspace"中可调节纸张大小。

（4）添加文本：按"Ctrl＋Alt＋A"快捷键可以添加文本，此外可在设置栏中"Place"→"Text"中添加文本。

（5）更改元器件方向：按"Ctrl＋R"快捷键。也可选中元器件后右键，进行更改方向、镜像元器件等操作。

（6）寻找元器件：当我们对 Multisim 较熟悉时，按照分类的方式寻找元器件是一个很好的方法，但是在刚开始接触 Multisim 时，按分类寻找元器件可能会有些麻烦。

当我们知晓实验仪器型号时，可点击小电源标志，将"Database"设置为"Master Database"；将"Group"设置为"All groups"；将"Family"设置为"All families"。在右侧的搜索栏输入元器件型号，可查找元器件。

需要注意的是，当实验电路中有较多的元器件时，此方法将会耗费过多的时间，建议用分类查找的方式寻找元器件，以加快速度，加深理解。

（7）截图时，可选择"File"→"Print Preview"，此时可放大、缩小进行截图。

（8）打印时，可选择"Print..."将其保存为 PDF 文件，之后再用 PDF 文件进行纸质打印。

六、注意事项

（1）请勿对软件进行汉化，汉化可能会导致种种问题，用英文版对使用软件者更好一些。

（2）请勿将 Multisim 实验设计变成按照原理图接线的连线游戏，用 Multisim 的一大好处就是软件内的仪器以及元器件非常齐全，并且不需担心由于实验操作上的失误导致设备损毁的问题。

　　如果将使用 Multisim 变成连线游戏,便起不到对课程加深理解的作用,只是纯粹浪费时间而已。

七、模电、数电实验中画 Multisim 仿真图时应注意的问题

1. 模拟电子技术基础

(1) Multisim 仿真需要加入地线与 VCC 对应,按照实验需求添加即可。

(2) 实验六中应该单独为集成运放 μA741 供电,4 脚 V_{s-} 供给 -15 V 电压,7 脚 V_{s+} 供给 15 V 电压以使电路正常运行。

(3) 实验八中应该单独为 μA741 供电,4 脚 V_{s-} 供给 -15 V 电压,7 脚 V_{s+} 供给 15 V 电压以使电路正常运行。

(4) 实验九中的 LM7805 芯片在"Group"→"Power,Family - VOLTAGE_REGULA-TOR"中可找到。

2. 数字电子技术基础

(1) 实验二中与非门的输入端高、低电平应由 VCC、GND、单刀双掷开关组成。

(2) 在实验二中,若使用 74HC00 芯片,有两种使用方式:一种将 74HC00 抽象成二输入与非门;另一种直接连接 74HC00 芯片,分别可在"Group"→"TTL,Family74LS"与"Group"→"TTL,Family_74LS_IC"中选择。

(3) 在实验五中,当选择 74LS138 芯片时,未发现 VCC 与 GND,因为系统已经自动将其连接并隐藏。

附　　录

电子线路实验及课程设计报告

第一部分

电路分析实验报告

实验一　电路元件伏安特性的测绘实验报告

一、实验内容

(1)测定线性电阻的伏安特性。设线性电阻 $R = 200\ \Omega$，测量并完成表 1-1-1 和表 1-1-2。

表 1-1-1　改变电压测电流

给定电压值/V	10	8	6	4	2
测量电流值/mA					
计算电阻值/Ω					

表 1-1-2　改变电流测电压

给定电流值/mA	100	80	60	40	20
测量电压值/V					
计算电阻值/Ω					

(2)测定白炽灯的伏安特性，完成表 1-1-3。

表 1-1-3　白炽灯泡的伏安特性测量数据

U_L/V	0.1	0.5	1	2	3	4	5
I/mA							

(3)测定二极管正向和反向伏安特性，分别完成表 1-1-4 和表 1-1-5。

表 1-1-4　二极管伏安特性正向测量数据

U_{VD+}/V	0.10	0.30	0.50	0.55	0.60	0.65	0.70	0.75
I/mA								

表 1-1-5　二极管伏安特性反向测量数据

U_{VD-}/V	0	-5	-10	-15	-20	-25	-30
I/mA							

(4)测定稳压管正向和反向伏安特性，分别完成表 1-1-6 和表 1-1-7。

表 1-1-6　稳压管正向特性实验数据

U_{Z+}/V	0.10	0.30	0.50	0.55	0.60	0.65	0.70	0.75
I/mA								

表 1 - 1 - 7　稳压管反向特性实验数据

U_{z-}/V	-1	-2	-2.4	-2.7	-2.8	-2.9	-3.0	-3.1	-3.5
I/mA									

（5）分别根据表 1 - 1 - 1 和表 1 - 1 - 2 的实验数据，绘制出线性电阻的伏安特性曲线。

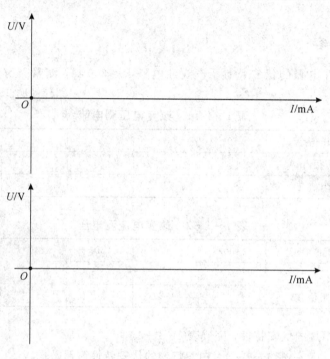

二、注意事项及心得

_____

_____

_____

_____

_____

_____

_____

实验二 电位、电压的测定及电路电位图的绘制实验报告

一、实验内容

(1) 令 $U_1 = 6$ V，$U_2 = 12$ V。分别以 A、D 为参考点，测量各点的电位，完成表 1-2-1。

表 1-2-1 电位测量实验记录

电位 参考点	V	V_A	V_B	V_C	V_D	V_E	V_F
A	计算值						
	测量值						
	相对误差						
D	计算值						
	测量值						
	相对误差						

(2) 令 $U_1 = 6$ V，$U_2 = 12$ V。分别以 A、D 为参考点，测量任意两点的电压，完成表 1-2-2。

表 1-2-2 电压测量实验记录

电位 参考点	V	U_{AB}	U_{BC}	U_{CD}	U_{DE}	U_{EF}	U_{FA}
A	计算值						
	测量值						
	相对误差						
D	计算值						
	测量值						
	相对误差						

二、注意事项及心得

实验三　受控源 VCVS、VCCS、CCVS、CCCS 的实验研究实验报告

一、实验内容

(1) 测量 VCVS 的转移特性：令 $R_L=2\ \text{k}\Omega$。调节 U_1，测量 U_2，完成表 1-3-1。接入电流表，保持 $U_1=2\ \text{V}$，调节 R_L，测量 U_2 及 I_L，完成表 1-3-2。

表 1-3-1　测量 VCVS 转移电压比实验数据

U_1/V	0	1	2	3	4	5	6	7	8	9	μ
U_2/V											

表 1-3-2　测量 VCVS 负载特性实验数据

R_L/Ω	50	70	100	200	300	400	500	∞
U_2/V								
I_L/mA								

(2) 测量 VCCS 的转移特性：令 $R_L=2\ \text{k}\Omega$。调节 U_1，测量 I_L，完成表 1-3-3。保持 $U_1=2\ \text{V}$，调节 R_L，测量 U_2 及 I_L，完成表 1-3-4。

表 1-3-3　测量 VCCS 转移电导实验数据

U_1/V	0.1	0.5	1.0	2.0	3.0	3.5	3.7	4.0	g_m
I_L/mA									

表 1-3-4　测量 VCCS 负载特性实验数据

R_L/$\text{k}\Omega$	50	20	10	8	7	6	5	4	2	1
I_L/mA										
U_2/V										

(3) 测量 CCVS 的转移特性：令 $R_L=2\ \text{k}\Omega$。调节 I_s，测量 U_2，完成表 1-3-5。保持 $I_s=2\ \text{mA}$，调节 R_L，测量 U_2 及 I_L，完成表 1-3-6。

表 1 - 3 - 5   测量 CCVS 转移电阻特性实验数据

I_s/mA	0.1	1.0	3.0	5.0	7.0	8.0	9.0	9.5	r_m
U_2/V									

表 1 - 3 - 6   测量 CCVS 负载特性实验数据

R_L/kΩ	0.5	1	2	4	6	8	10
U_2/V							
I_L/mA							

（4）测量 CCCS 的转移特性：令 $R_L=2\,\mathrm{k\Omega}$。调节 I_1，测量 I_L，完成表 1 - 3 - 7。保持 $I_s=1\,\mathrm{mA}$，调节 R_L，测量 I_L 及 U_2，完成表 1 - 3 - 8。

表 1 - 3 - 7   测量 CCCS 电流增益实验数据

I_1/mA	0.1	0.2	0.5	1	1.5	2	2.2	α
I_L/V								

表 1 - 3 - 8   测量 CCCS 负载特性实验数据

R_L/kΩ	0	0.1	0.5	1	2	5	10	20	30	80
I_L/mA										
U_2/V										

二、注意事项及心得

_____

_____

_____

_____

_____

_____

_____

_____

实验四 戴维南定理和诺顿定理的验证实验报告
——有源二端网络等效参数的测定

一、实验内容

（1）设 $U_s = 12\text{ V}$，$I_s = 10\text{ mA}$，不接入 R_L，测量 U_{oc} 及 I_{sc}，并计算出 R_0，完成表 $1-4-1$。

表 $1-4-1$　用开路电压法、短路电流法测量 U_{oc}、R_0

U_{oc}/V	I_{sc}/mA	$R_0 = \dfrac{U_{oc}}{I_{sc}}/\Omega$

（2）负载实验：接入 R_L，改变其阻值大小，测量有源二端网络的外特性，完成表 $1-4-2$。

表 $1-4-2$　有源二端网络外特性曲线测绘实验数据

U/V								
I/mA								

（3）验证戴维南定理：电阻箱取步骤（1）计算的电阻 R_0 的值，令其与直流稳压电源（步骤（1）测得的 U_{oc} 的值）串接，仿照步骤（2）测其外特性，完成表 $1-4-3$。

表 $1-4-3$　等效模型验证戴维南定理实验数据

U/V								
I/mA								

（4）验证诺顿定理：电阻箱上取步骤（1）计算的电阻 R_0 的值，令其与直流恒流源（步骤（1）测得的 I_{sc} 的值）并接，仿照步骤（2）测其外特性，完成表 $1-4-4$。

表 $1-4-4$　等效模型验证诺顿定理实验数据

U/V								
I/mA								

二、注意事项及心得

实验五　叠加定理的验证实验报告

一、实验内容

(1) 设 $U_1=12\,\text{V}$，$U_2=6\,\text{V}$，分别令 U_1 单独作用、U_2 单独作用、U_1、U_2 共同作用、$2U_2$ 单独作用，测量并完成表 1-5-1。

表 1-5-1　叠加定理验证实验数据

测量项目	U_1/V	U_2/V	I_1/mA	I_2/mA	I_3/mA	U_{AB}/V	U_{CD}/V	U_{AD}/V	U_{DE}/V	U_{FA}/V
U_1 单独作用										
U_2 单独作用										
U_1、U_2 共同作用										
$2U_2$ 单独作用										

(2) 任意按下某个故障键，重复实验步骤(1)，测量并完成表 1-5-2。

表 1-5-2　按下某个故障键后叠加定理验证实验数据

测量项目	U_1/V	U_2/V	I_1/mA	I_2/mA	I_3/mA	U_{AB}/V	U_{CD}/V	U_{AD}/V	U_{DE}/V	U_{FA}/V
U_1 单独作用										
U_2 单独作用										
U_1、U_2 共同作用										
$2U_2$ 单独作用										

二、注意事项及心得

实验六　基尔霍夫定律的验证实验报告

一、实验内容

实验前设定三条支路和三个闭合回路的电流正方向，令 $U_1 = 6$ V，$U_2 = 12$ V，测量并完成表 1−6−1。

表 1−6−1　基尔霍夫定理验证实验数据

被测量	I_1 /mA	I_2 /mA	I_3 /mA	U_1 /V	U_2 /V	U_{FA} /V	U_{AB} /V	U_{AD} /V	U_{CD} /V	U_{DE} /V
测量值										
相对误差										
计算值										

二、注意事项及心得

实验七　电容储能与充、放电研究实验报告

一、实验内容

（1）充电过程测量：选 R_2 和 C_1 串联电路，当 $U_C = 0$ V 时，测电容 C_1 上的电压，在接通电源的同时，启动秒表，测量并完成表 1-7-1。

表 1-7-1　电容储能与充、放电研究实验数据 I

测量	起始条件：$U_s = 30$ V，$U_C = 0$ V，$C_1 = 1000\ \mu F$，$R_2 = 1\ k\Omega$，$\tau = R_2 C_1 = 1$ s								
t	0	τ	2τ	3τ	4τ	5τ	6τ	7τ	8τ
U_C									

（2）放电过程测量：将开关拨向短路侧，同时启动秒表，测量并完成表 1-7-2。

表 1-7-2　电容储能与充、放电研究实验数据 II

测量	起始条件：$U_s = 0$ V，$U_C = 30$ V，$C_1 = 1000\ \mu F$，$R_2 = 1\ k\Omega$，$\tau = R_2 C_1 = 1$ s								
T	0	τ	2τ	3τ	4τ	5τ	6τ	7τ	8τ
U_C									

二、注意事项及心得

_____

_____

_____

_____

_____

_____

_____

_____

实验八　典型电信号的观察与测量实验报告

一、实验内容

（1）接通信号发生器的电源，选择正弦波输出，通过相应的调节，使输出频率分别为 50 Hz、1.5 kHz 和 20 kHz，测量并完成表 1-8-1。

表 1-8-1　不同频率正弦波信号测量数据

频率计读数所测项目	正弦波信号频率的测定		
	50 Hz	1500 Hz	20 000 Hz
示波器"t/div"旋钮位置			
一个周期占有的格数			
信号周期/s			
计算所得频率/Hz			

（2）接通信号发生器的电源，选择正弦波输出，通过相应的调节，使输出幅值分别为 0.1 V、1 V 和 3 V，测量并完成表 1-8-2。

表 1-8-2　不同幅值正弦波信号测量数据

交流毫伏表读数所测项目	正弦波信号幅值的测定		
	0.1 V	1 V	3 V
示波器"V/div"旋钮位置			
峰-峰值波形的格数			
峰-峰值			
计算所得有效值			

二、注意事项及心得

_____

_____

_____

_____

_____

实验九　*RC* 一阶电路的响应测试实验报告

一、实验内容

实验电路板的器件组件如图 1-9-1 所示。请认清 *R*、*C* 元件的布局及其标称值，各开关的通断位置等。

（1）从电路板上选 $R=10\,\text{k}\Omega$，$C=6800\,\text{pF}$ 组成如图 1-9-2(b) 所示的积分电路。u_i 为脉冲信号发生器 $(U_\text{m}=3\,\text{V}, f=1\,\text{kHz})$ 的方波电压信号，并通过两根同轴电缆线，将激励源 U_i 和响应 U_C 的信号分别连至示波器的两个输入口 Y_A 和 Y_B。这时可在示波器的屏幕上观察到激励与响应的变化规律，请测算出时间常数 τ，并用方格纸按 1:1 的比例描绘波形。少量地改变电容值或电阻值，定性地观察对响应的影响，记录观察到的现象。

（2）令 $R=10\,\text{k}\Omega$，$C=0.1\,\mu\text{F}$，观察并描绘响应的波形，继续增大 C 的值，定性地观察其对响应的影响。

（3）令 $C=0.01\,\mu\text{F}$，$R=100\,\Omega$，组成如图 1-9-2(a) 所示的微分电路。在同样的方波激励信号 $(U_\text{m}=3\,\text{V}, f=1\,\text{kHz})$ 作用下，观测并描绘响应的波形。

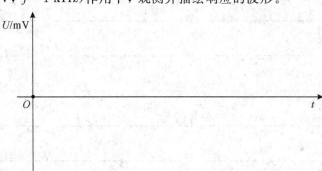

增、减 R 的值，定性地观察对响应的影响，并做记录。当 R 增至 ∞ 时，输入/输出波形有何本质上的区别？

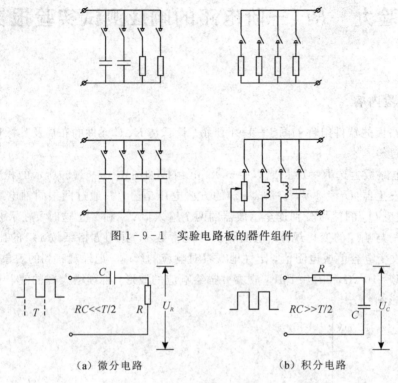

图 1 - 9 - 1　实验电路板的器件组件

（a）微分电路　　　　　（b）积分电路

图 1 - 9 - 2　微分电路与积分电路

二、注意事项及心得

第二部分

模拟电子技术实验报告

实验一　常用电子仪器的使用实验报告

一、实验内容

（1）将函数信号发生器在输入不同幅值时示波器的读数填入表 2-1-1。

表 2-1-1　示波器的读数　　　　　　　　（单位：V）

U_{P-P}/V	2.0	3.0	4.0	5.0
U_{P-P}/V				

（2）给示波器的 CH1 通道输入一个 1 kHz、峰-峰值为 0.5 V 的正弦交流信号，在图 2-1-1 中画出波形并标出 U_{P-P}、f、T、U_{rms}。

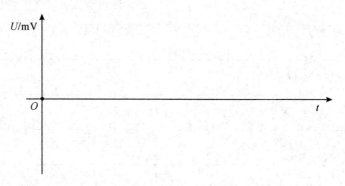

图 2-1-1　示波器的波形 I

（3）给示波器的 CH2 通道输入一个 10 kHz、峰-峰值为 0.1 V 的正弦交流信号，在图 2-1-2 中画出波形并标出 U_{P-P}、f、T、U_{rms}。

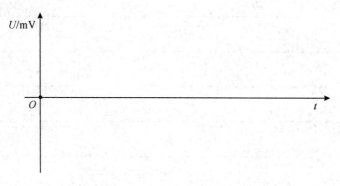

图 2-1-2　示波器的波形 II

二、注意事项及心得

实验二　常用电子元器件的识别及检测实验报告

一、实验内容

测量结果如表 2-2-1～表 2-2-4 所示。

表 2-2-1　电阻阻值测量

次数	电阻色环颜色	电阻标称值	实测值
1			
2			
3			
4			
5			

表 2-2-2　电容容值测量

次数	标称值	实测值
1		
2		
3		
4		

表 2-2-3　二极管材料及正向导通压降测量

次数	型号	材料（锗/硅）	正向导通压降
1			
2			
3			
4			

表 2-2-4　三极管材料、管型及 β 值测量

次数	型号	材料	管型	β值
1				
2				
3				
4				

二、注意事项及心得

实验三　三极管单级共射放大电路实验报告

一、Multisim 仿真电路

二、实验内容

静态工作点的测量值与计算值如表 2-3-1 所示。

表 2-3-1　静态工作点的测量值与计算值

测量值			计算值	
U_{BE}/V	U_{CE}/V	$R_P/k\Omega$	$I_B/\mu A$	I_C/mA

将 $f=1\,kHz$、峰-峰值为 $600\,mV$ 的正弦信号接入电路的输入端(即U_s端):

(1) 先看示波器出现的波形是否失真。

(2) 若失真(截止失真或饱和失真),则调整 R_P,使其刚好消除失真;若不失真,则增大输入信号的幅度 $U_{ip\text{-}p}$,使输出波形出现失真,再调整 R_P,直至消除失真,再增大 $U_{ip\text{-}p}$,使输出波形刚刚出现失真,再调整 R_P,反复经过多次,当正弦波同时出现截止和饱和失真时,将输入信号的幅度变小,刚好不失真,此时工作点的位置最佳,示波器的输出波形为最大不失真输出电压,用示波器记录下 $U_{op\text{-}p}$ 以及 $U_{ip\text{-}p}$,计算电压放大倍数$\dot{A}_u$。

$U_{op-p}=$ _____

$U_{ip-p}=$ _____

$\dot{A}_u=$ _____

最佳工作点的测量值与计算值如表 2-3-2 所示。

表 2-3-2　最佳工作点的测量值与计算值

测量值			计算值	
U_{BE}/V	U_{CE}/V	$R_P/k\Omega$	$I_B/\mu A$	I_C/mA

三、注意事项及心得

实验四　多级放大电路实验报告

一、Multisim 仿真电路

二、实验内容

两级放大电路的参数测量如表 2-4-1 所示。

表 2-4-1　两级放大电路的参数测量

	静态工作点						输入和输出电压/mV			电压放大倍数		
	第一级			第二级						第一级	第二级	整体
	U_{c1}	U_{b1}	U_{e1}	U_{c2}	U_{b2}	U_{e2}	U_i	U_{o1}	U_{o2}	A_{u1}	A_{u2}	A_u
空载												
负载												

三、注意事项及心得

实验五　集成运算放大器的基本应用实验报告

一、Multisim 仿真电路

二、实验内容

反相比例运算电路的测量结果如表 2-5-1 所示。

表 2-5-1　反相比例运算电路的测量结果

交流输入电压 U_i/mV		30	100	300	1000	2000
输出电压	理论估算值 /mV					
	实测值 /mV					
	误差					

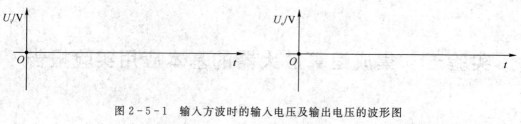

图 2-5-1 输入方波时的输入电压及输出电压的波形图

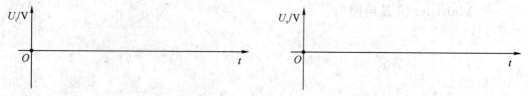

图 2-5-2 输入正弦波时的输入电压及输出电压的波形图

三、注意事项及心得

_____

_____

_____

_____

_____

_____

_____

_____

_____

_____

_____

_____

实验六 负反馈对放大电路性能的影响实验报告

一、Multisim 仿真电路

二、实验内容

负反馈放大电路的测试结果如表 2 − 6 − 1 所示。

表 2 − 6 − 1 负反馈放大电路的测试结果

	$R_L/k\Omega$	U_i/mV	U_o/mV	$A_u(A_{uf})$
开环	∞	1		
	1500	1		
闭环	∞	1		
	1500	1		

开环系统中的失真波形如图 2 − 6 − 1 所示。

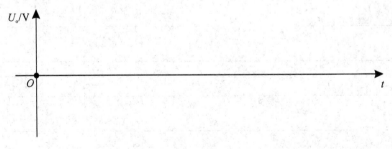

图 2 − 6 − 1 开环系统中的失真波形

闭环系统中的失真波形如图 2 - 6 - 2 所示。

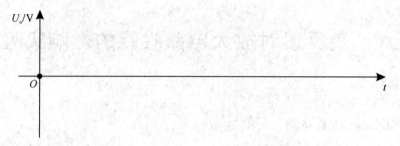

图 2 - 6 - 2　闭环系统中的失真波形

三、注意事项及心得

_____

_____

_____

_____

_____

_____

_____

_____

_____

_____

_____

_____

_____

_____

_____

实验七　波形发生电路实验报告

一、Multisim 仿真电路

二、实验内容

1. 方波发生电路

（1）按方波发生电路接线，观察 U_o 波形及频率，与 Multisim 仿真结果相比较。

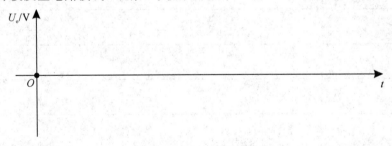

（2）分别测出 $R = 10\ \mathrm{k\Omega}$、$110\ \mathrm{k\Omega}$ 时的频率和输出幅值，与 Multisim 仿真结果相比较。

当 $R = 10\ \mathrm{k\Omega}$ 时：　　　　　　　　　　当 $R = 110\ \mathrm{k\Omega}$ 时：

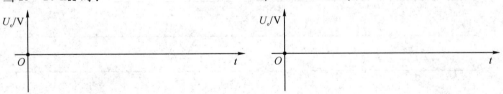

2. 三角波发生电路

按三角波发生电路接线，分别观测 U_{o1} 和 U_{o2} 的波形并记录。

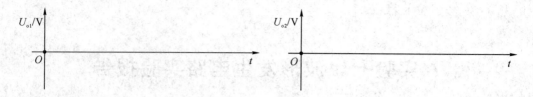

3. 正弦波发生电路

按正弦波发生电路接线，注意电阻 $1R_P = R_1$ 需预先调好再接入。用示波器观察输出波形。

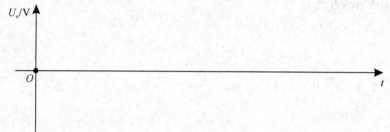

三、注意事项及心得

_____

_____

_____

_____

_____

_____

_____

_____

_____

_____

_____

_____

_____

实验八　集成稳压器实验报告

一、Multisim 仿真电路

二、实验内容

三端稳压器参数测试电路如图 2-8-1 所示。

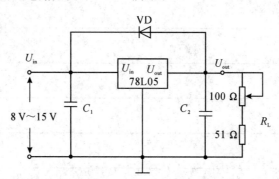

图 2-8-1　三端稳压器参数测试电路

电路中的元器件参数：

$C_1 = 0.33\ \mu F$，　　　　　　$C_2 = 1\ \mu F$，　　　　VD：1N4001 二极管

R_L：上接入 100 Ω 滑动变阻器，下以串联方式接入 51 Ω 电阻。

按图 2-8-1 连好电路，测试稳定输出电路。

三、注意事项及心得

第三部分

数字电子技术实验报告

实验一　集成逻辑门电路实验报告

一、实验内容

(1) 测试 74HC00/74LS00 的电压传输特性，完成表 3-1-1。

表 3-1-1　电压传输特性测试数据

U_i/V	0.1	0.4	0.8	0.9	1.0	1.1	1.2	1.5	2.0	2.4	3.0	4.0
U_o/V												

(2) 绘出与非门电压传输特性曲线，如图 3-1-1 所示。

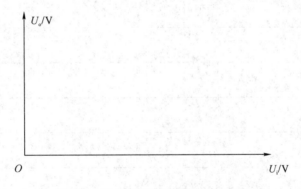

图 3-1-1　与非门电压传输特性曲线

(3) 完成 CMOS 与非门逻辑功能测试，测量数据分别填入表 3-1-2 和表 3-1-3。

表 3-1-2　CMOS 逻辑功能测试Ⅰ

输入端		输出端
A	B	Y
L	L	
L	H	
H	L	
H	H	

表 3-1-3　CMOS 逻辑功能测试Ⅱ

输入端		输出端
A	B	Y
0	0	
0	1	
1	0	
1	1	

二、注意事项及心得

实验二　集成门电路的应用实验报告

一、Multisim 仿真电路

二、实验内容

（1）测试 74HC20(74LS20)的逻辑功能，完成表 3-2-1。

表 3-2-1　74HC20(74LS20)的逻辑功能表

A	B	C	D	Y
1	1	1	1	
0	1	1	1	
1	0	1	1	
1	1	0	1	
1	1	1	0	

（2）用与非门 74HC00(74LS00)组成与门及或门的测试结果分别如表 3-2-2 和表 3-2-3所示。

表 3-2-2　与非门组成与门的测试结果　**表 3-2-3　与非门组成或门的测试结果**

A	B	Z
0	0	
0	1	
1	0	
1	1	

A	B	Z
0	0	
0	1	
1	0	
1	1	

（3）用 74HC20(74LS20)实现逻辑函数式 $Y=AB+A'C+AC'$ 的测试表如表3-2-4所示。

表 3-2-4　74HC20(74LS20)实现逻辑函数式 $Y=AB+A'C+AC'$ 的测试结果

A	B	C	Y
0	0	0	
0	0	1	
0	1	0	
0	1	1	
1	0	0	
1	0	1	
1	1	0	
1	1	1	

三、注意事项及心得

_____

_____

_____

_____

_____

_____

实验三　SSI 组合逻辑电路设计(一)实验报告

一、Multisim 仿真电路

二、实验内容

比较电路的实验结果如表 3-3-1 所示。

表 3-3-1　比较电路的实验结果

A	B	$Y_1(A>B)$	$Y_2(A<B)$	$Y_3(A=B)$
0	0			
0	1			
1	0			
1	1			

三、注意事项及心得

实验四　SSI 组合逻辑电路设计(二)实验报告

一、Multisim 仿真电路

二、实验内容

(1) 设计三人多数表决电路。

① 列出真值表,如表 3-4-1 所示。

表 3-4-1　真值表

A	B	C	Y
0	0	0	
0	0	1	
0	1	0	
0	1	1	
1	0	0	
1	0	1	
1	1	0	
1	1	1	

② 写出逻辑函数表达式：

③ 对逻辑函数表达式进行化简及变形：

④ 画出电路图：

（2）根据电路图在数字电路实验箱中进行连线并记录实验结果。

三、注意事项及心得

实验五 MSI 组合逻辑电路设计(一)实验报告

一、Multisim 仿真电路

二、实验内容

(1) 测试 74LS138 的逻辑功能并自行列表(若以下空白不够,请以附页形式贴于实验报告后)。

(2) 用 74138 实现 3 个开关控制一个灯的逻辑电路(请将设计步骤以附页形式贴于实验报告后),完成表 3-5-1。

表 3-5-1 电灯控制电路的真值表

A	B	C	Z
0	0	0	
0	0	1	
0	1	0	
0	1	1	
1	0	0	
1	0	1	
1	1	0	
1	1	1	

（3）用 74138 设计与实现交通灯监视电路（请将设计步骤以附页形式贴于实验报告后），完成表 3－5－2。

表 3－5－2　交通灯监视电路的真值表

R	Y	G	Z
0	0	0	
0	0	1	
0	1	0	
0	1	1	
1	0	0	
1	0	1	
1	1	0	
1	1	1	

三、注意事项及心得

实验六　MSI 组合逻辑电路设计(二)实验报告

一、Multisim 仿真电路(若以下空白不够,请自行附页贴于实验报告后)

二、实验内容

(1) 测试 74LS151 的逻辑功能,完成表 3 − 6 − 1。

表 3 − 6 − 1　74LS151 的逻辑功能表

输　入				输　出	
选通	选择控制端				
$\overline{S}$	A_2	A_1	A_0	Y	$\overline{W}$
1	×	×	×		
0	0	0	0		
0	0	0	1		
0	0	1	0		
0	0	1	1		
0	1	0	0		
0	1	0	1		
0	1	1	0		
0	1	1	1		

(2) 测试 74LS153 的逻辑功能，完成表 3-6-2。

(3) 用 74LS153 构成的组合逻辑电路的测试结果如表 3-6-3 所示。

表 3-6-2　74LS153 的逻辑功能表　　**表 3-6-3　74LS153 组合逻辑电路的测试结果**

输　入			输　出
$\overline{S}$	A_1	A_0	Y
1	×	×	
0	0	0	
0	0	1	
0	1	0	
0	1	1	

A_2	A_1	A_0	Y
0	0	0	
0	0	1	
0	1	0	
0	1	1	
1	0	0	
1	0	1	
1	1	0	
1	1	1	

(4) 用 74LS151 实现 3 个开关控制一个灯的逻辑电路功能测试，其真值表如表 3-6-4 所示。

表 3-6-4　电灯控制电路的真值表

A	B	C	Y
0	0	0	
0	0	1	
0	1	0	
0	1	1	
1	0	0	
1	0	1	
1	1	0	
1	1	1	

三、注意事项及心得

_____

_____

_____

_____

_____

_____

_____

实验七　集成触发器 74LS112 实验报告

一、Multisim 仿真电路

二、实验内容

(1) 当 S'_D 和 R'_D 分别为低电平时，74LS112 的逻辑功能测试如表 3-7-1 所示。

表 3-7-1　74LS112 的逻辑功能测试

S'_D	R'_D	CLK	J	K	Q^n（现态）	Q^{n+1}（次态）
0	1	×	×	×	×	
1	0	×	×	×	×	

(2) 当 S'_D 和 R'_D 接逻辑"1"，即 $S'_D=1$，$R'_D=1$ 时，74LS112 的逻辑功能测试结果如表 3-7-2 所示。

表 3 - 7 - 2　74LS112 的逻辑功能测试结果

J	K	CLK	Q^n（现态）	Q^{n+1}（次态）	结论
0	0	↓	0		
0	0	↓	1		
0	1	↓	0		
0	1	↓	1		
1	0	↓	0		
1	0	↓	1		
1	1	↓	0		
1	1	↓	1		

三、注意事项及心得

实验八　集成触发器及其应用实验报告

一、Multisim 仿真电路

二、实验内容

(1) 完成 74LS74 触发器逻辑功能的测试,其逻辑功能表如表 3-8-1 所示。

表 3-8-1　74LS74 的逻辑功能表

输　入				输　出	
S'_D	R'_D	CP	D	Q	Q'
0	1	×	×		
1	0	×	×		
1	1	↑	0		
1	1	↑	1		
1	1	0/↓	×		
0	0	×	×		

（2）完成 74LS76 触发器逻辑功能的测试，其逻辑功能表如表 3 - 8 - 2 所示。

表 3 - 8 - 2 74LS76 的逻辑功能表

输　入					输　出	
$\bar{R}_D$	$\bar{S}_D$	CP	J	K	Q^{n+1}	$\bar{Q}^{n+1}$
1	0	×	×	×		
0	1	×	×	×		
0	0	×	×	×		
1	1	↓	0	0		
1	1	↓	0	1		
1	1	↓	1	0		
1	1	↓	1	1		
1	1	1	×	×		

（3）用 D 触发器构成环形移位寄存器，给 D 触发器置入初值 1 000，设计流水灯电路。

三、注意事项及心得

实验九 SSI 时序逻辑电路实验报告

一、Multisim 仿真电路

二、实验内容

搭建 SSI 时序逻辑电路,将实验结果填至表 3-9-1。

表 3-9-1　SSI 时序逻辑电路的实验结果

K	Q_1^n	Q_0^n	Y	CLK	Q_1^{n+1}	Q_0^{n+1}
0	0	0				
0	0	1				
0	1	0				
0	1	1				
1	1	1				
1	1	0				
1	0	1				
1	0	0				

该电路的逻辑功能为:＿＿＿＿＿＿＿＿＿＿＿＿＿＿＿＿＿＿＿＿＿＿＿＿＿＿
＿＿＿＿＿＿＿＿＿＿＿＿＿＿＿＿＿＿＿＿＿＿＿＿＿＿＿＿＿＿＿＿＿＿＿＿＿

三、注意事项及心得

实验十　MSI 时序逻辑电路实验报告

一、Multisim 仿真电路

二、实验内容

（1）测试 4 位二进制同步计数器 74LS161 的逻辑功能，完成表 3 - 10 - 1。

表 3 - 10 - 1　74LS161 的逻辑功能测试结果

$\overline{CR}$	$\overline{LD}$	CT_P	CT_T	CP	D_3	D_2	D_1	D_0	$Q_3{}^n$	$Q_2{}^n$	$Q_1{}^n$	$Q_0{}^n$	$Q_3{}^{n+1}$	$Q_2{}^{n+1}$	$Q_1{}^{n+1}$	$Q_0{}^{n+1}$	CO
0	×	×	×	×	×	×	×	×	×	×	×	×					
1	0	×	×	↑	d_3	d_2	d_1	d_0	×	×	×	×					
1	1	0	×	×	×	×	×	×	1	1	1	1					
1	1	×	0	×	×	×	×	×	0	0	0	0					
1	1	1	1	↑	×	×	×	×	0	0	0	0					

（2）在数字电路实验箱中分别搭建清零端和预置数端反馈式计数器，并将实验结果分别填入表 3 - 10 - 2、表 3 - 10 - 3 中。

表 3 - 10 - 2　清零端反馈式计数器的实验结果

Q_3^n	Q_2^n	Q_1^n	Q_0^n	CLK	Q_3^{n+1}	Q_2^{n+1}	Q_1^{n+1}	Q_0^{n+1}
0	0	0	0					
0	0	0	1					
0	0	1	0					
0	0	1	1					
0	1	0	0					
0	1	0	1					
0	1	1	0					
0	1	1	1					
1	0	0	0					
1	0	0	1					

表 3 - 10 - 3　预置数端反馈式计数器的实验结果

Q_3^n	Q_2^n	Q_1^n	Q_0^n	CLK	Q_3^{n+1}	Q_2^{n+1}	Q_1^{n+1}	Q_0^{n+1}
0	0	0	0					
0	0	0	1					
0	0	1	0					
0	0	1	1					
0	1	0	0					
0	1	0	1					
0	1	1	0					
0	1	1	1					
1	0	0	0					
1	0	0	1					

三、注意事项及心得

实验十一　555 定时器及其应用实验报告

一、Multisim 仿真电路

二、实验内容

（1）连接好用 555 定时器构成的多谐振荡电路，用双踪示波器观测 U_c 和 U_o 的波形，测定频率（或周期）。

（2）连接好用 555 定时器构成的单稳态触发器，其输入信号 U_i 由单脉冲提供，用双踪示波器观测 U_i 和 U_o 波形，测试幅度与脉宽（暂稳态时间）。

三、注意事项及心得

参 考 文 献

[1] 梁明理. 电子线路[M]. 北京：高等教育出版社，2008.

[2] 罗杰，陈大钦. 电子技术基础实验[M]. 北京：高等教育出版社，2017.

[3] 钮王杰. 电子技术[M]. 西安：西安电子科技大学出版社，2017.

[4] 杨欣. 电子设计从"零"开始[M]. 北京：清华大学出版社，2010.

[5] 童诗白，华成英. 模拟电子技术基础[M]. 北京：高等教育出版社，2009.

[6] 高吉祥，苏钢. 基本技能训练与综合测评[M]. 北京：电子工业出版社，2019.

[7] 周红军. 数字电子技术实验指导书[M]. 北京：中国水利水电出版社，2008.

[8] 毕满清. 电子技术实验与课程设计[M]. 4 版. 北京：机械工业出版社，2019.

[9] 贾立新，王涌，陈怡. 电子系统设计与实践[M]. 3 版. 北京：清华大学出版社，2014.